はじめに

陽が昇り、また陽が沈む私たちの日々の暮らしは果てしなく続くが、生命の大河が流れてきた歴史というものは、さらに際限もなく遥か彼方にまで果てしない。生命の大河から見れば、私たちの人生など、瞬く間のように短いものなのかもしれない。

しかし幸い人間には、悠久の時間や広大な空間を見渡してみる認識力が与えられている。その認識力という小舟に乗って、果てしない時間の彼方にまで旅をしてみることができる。様々な科学的知見を結集すれば、現時点で私たち人間が行きつくことのできた旅の光景を眺望してみることができるだろう。

本書のテーマは、生物の歴史と進化である。しかし世の常識になっているダーウィニズム（ネオダーウィニズム）にすべてを準拠するものではない。むしろ21世紀に勃興してきた生物学の最新の知見を踏まえて、ダーウィニズムとは異なる視点で生物界を見てみようとするものだ。生物の持っている感覚や主体性こそ、生物の進化に大きく貢献し、進化を駆動してきたことを示そうとしている。

生物の進化とは、種が次第に変化していくことだと一般的には捉えられている。しかしシーラカンスやゴキブリのように、じっと何億年もの間あまり変化していない種もいる。したがってむしろ、進化とは種が新たにできることというよりも、系統が枝分かれしていくことなのだ。枝分かれした先で変化していく種もあれば、枝分かれしても変化をしないでじっとしている種もいるというわけだ。

広く知られているとおり、ダーウィニズムではこうした変化が起こる原因として、最初に「遺伝子の突然変異」が起こり、それに続いて「個体が自然淘汰にさらされる」と説く。環境によって淘汰され適応度の高いものが生き残り、繁殖に成功して多数の子孫を残す。

ここでは生物は全く受動的な存在にすぎない。遺伝子の突然変異が起こるのは、偶然の所産だ。自然淘汰にさらされるのは、自分の努力とは関係がない。突然変異によって偶然にできた身体が、環境にどの程度適応しているかというだけの話だ。自然淘汰を行う主体は環境の方にあって、生物の方はただ受け身で選別されるのを待っているだけの存在なのだ。

しかし本当に生物は受動的なだけの存在なのだろうか。それならばなぜ、生物たちは感覚を備えていて、絶えず選択し判断し、活発に行動しているのだろうか。またなぜ細胞の1つひとつが何らかの認識のようなものを持っていて、周囲の環境に適合しながら相互作用しているのだろうか。

20世紀の半ばに、ショウジョウバエを研究していたコンラッド・H・ワディントンは、ショウジョウバエをエーテル空気の中で育てることによって、胸部が二重になった変異のある個体を生み出した。しかも、これを何代も継続して育てたところ、エーテルで育てなくても二重の胸の個体ができるようになった。いわば別系統のショウジョウバエを得た。環境に適応しようとする個体の努力が先行していて、その中から変異した個体が現れたのだ。ワディントンは、生物発生の過程でこのような道筋がつけられていくことを、「運河化」と呼んだ。

ワディントンが示して見せた「運河化」は、まるで例外的な現象であるかのようにあまり顧みられることはなかった。しかし、20世紀の終わり頃から様々な類似の現象が体系化されるようになり、今では再評価されている。本書の中で順を追って詳しく述べるが、遺伝子の突然変異が先行したのではないにもかかわらず生物が変化していく事例は、実は多数見られる。「遺伝子の突然変異が必ず先行しなければならない」とする伝統的なダーウィニズムは、見直しを迫られているというのが生物学の最前衛なのだ。

生物たちはむしろ環境に対して能動的なのではないか。生物学の最先端では徐々に生物たちに主体性が認められてきている。生物たちに主体性があるのだとすれば、その生命が分岐する進化の現象にも、生物の主体性は関わっているのではないか。それを様々な事例から、生物の歴史とともにたどってみよう。

自然界には、木の枝のように分岐し、細かく分岐に分岐を重ねていく形になったものが、様々にある。野原に立つ1本の木は、青空に向かってたくさんの腕を伸ばしながら、その分岐した先端に葉をつけている。しかし同時に目には見えない地面の中でも、木の根は、太い根から細い根が分岐し、その細い根からさらに微細な根が分岐している。

また河川は上空から見ると、海とつながる河口のあたりは太い幹になっていて、そこに流れ込む支流は、分岐した枝のようだ。その支流は、さらに多くの細かな流れに分岐している。私たちの身体を流れる血流にしても同様だ。幹となる太い血管から枝となる血管が分岐し、さらに毛細血管へと何重にも分岐していく。

木、河川、血管という3つの例を見たが、共通していることは、水が流れていることだ。これらの中では、水は一瞬も休むことなくその場にとどまっていない。そして生命というものは、そもそもそういったものではないか。

野原に立つ1本の木は、平面的に枝を分岐させているのではなくて、上から見れば放射状に枝を伸ばしている。このように中央部を起点として放射状に腕を伸ばしている形状の生物は多い。クモヒトデからは放射状に5本の腕が伸びていく。その5本が途中から分岐し、さらにまた何度も分岐を繰り返すと、オキノテズルモズルという謎のような名前の動物の形状となる。それほど特殊な動物を持ち出すまでもなく、私たちの身体を見ても、4本の手足が生え、さらにその先で20本の指が分かれているのだから、ある種の樹状分岐だと言える。

倒伏した木の根（著者撮影）

さて、このように目に見える形状のものではなくても、樹状分岐しているものは、生物界に多い。たとえば受精卵から胚が発生していくときの細胞の系譜である。センチュウ（C・エレガンス）は、成体でも959個の細胞しか持っていないので、1つの受精卵から959個に枝分かれするまでの過程がすべて調べられている。その様子を線でつなげて描いてみると、枝分かれに枝分かれを重ねて、多数の専門的な細胞に落ち着いていく。これはまさに樹状分岐だ。

私たちの身体の幹細胞が、多くの血球や免疫細胞に枝分かれしていく過程もまた樹状分岐である。さらには私たちの眼の中で、光を感知するときに働くオプシンというタンパク質がある。オプシンは原始的な動物でも持っている。この分子が、古い時代からどのように枝分かれしながら様々な種に利用されるように変化してきたかという分子進化の様子を描いてみても、これは樹状分岐となる。
樹状分岐しているものは、このように多数にのぼる。そしてその最大のものは、生物界のすべての構成員を示した系統樹「生命の樹」ということになる。

このような樹状分岐を生物界に通底するビジョンとして述べた人が過去にいた。フランスの哲学者アンリ・ベルクソンである。彼は20世紀の前半、主著『創造的進化』の中で、生物の進化は「花火のようなもの」だと述べている。

「それはあたかも大きな花束となって広がる花火のように、一つの中心から多くの世界群が湧き出している。」

「意識にしろ超意識にしろ、花火のようなもので、その火の消えた破片が物質となって降り注いでいる。意識とは、繰り返すが、その花火そのものを生き続けているもののことだ。それは花火の残骸を通り抜けて、その残骸を有機生命体として照らし出している」（アンリ・ベルクソン『創造的進化』、竹内信夫訳、白水社）

ベルクソンは、すべての生物には内在する「意識」があるとした。「意識」という言葉は、一般的には、私たちが覚醒しているときに持っている何かに集中した心的状態のことを言う。すべての動植物やさらには細胞にまであるものを「意識」と言うのはさすがにはばかられるので、ベルクソンは「超意識」という言葉も使っている。

しかしそうした難解な哲学用語を用いると、かえって分かりにくくなる。すべての動植物、あるいは細胞や細菌にまで存在するもの、それは「主体的な認識」である、と言っておけばよいのではないだろうか。

自然界、特に生物界には樹状分岐するものが多数あった。それは枝分かれした後で、その軌跡をすべて残していけば樹木のような形になる。受精卵から胚が発生していく過程のように、軌跡の形状そのものは残さないが、時間をたどってみれば樹状分岐しているというものは多い。それらは空間的に上から形状を見るのではなくて、時間の上から見ることによって理解できるのだ。

受精卵からの胚発生を研究する発生学者は、いつもそのような視点から生物を見ている。日本における発生生物学の創始者の一人・団勝磨は、「三次元的な形が時間とともに四次元的に変わってゆく様子」について、「対象の形態とその時間的変化を把握」するのだと言う。(『無脊椎動物の発生・上』団勝磨他共編、培風館)

私たちも樹状分岐を理解するために、生物たちを4次元の視点から見てみよう。しかもその視点を発生という現象だけでなく、進化という現象にまで拡張して用いてみよう。生物の樹状分岐は、ロシアのマトリョーシカ人形のように、小さなものから大きなものまで、何重もの入れ子構造になっている。そしてその樹状分岐の先端は、木の枝の先についた葉のようなセンサーであり、外界を感覚しながら探索し合っている。

そうした生物界の姿を見に行こう。時間認識というものすごいスピードの小舟に乗り、想像力も駆使して生命の大河を眺望しながら、果てしない冒険の旅に出発することにしよう。

目次

第2章 地球史の半分は細菌・古細菌だけだった——37

第3章 エディアカラの園で動物が爆発した——67

第6章

装幀＝新曜社デザイン室

第1章 生物界はヤマタノオロチ——初期の生物は合体で進化した

遥か彼方へまで至るであろう旅を開始するに当たって、その出発点として私がまだ小学生だった頃に見た1つの光景から、お話をさせていただきたい。

それは、春先の柔らかな金色の光が降り注ぐ暖かな午後のことだった。家の小さな裏庭には、木造りの粗末な物置小屋の向こうに、祖母が丹精込めて育てた草花たちが、うららかな陽射しを浴びて、白や黄色の花を開かせつつあった。10歳だった私は、光の溢れる縁側にいて、細長いひょうたん型の池を見つめていた。池の水際いっぱいに、緑色の水藻が生えていた。

池の金魚は水藻に近寄って、口をぱくぱく開いて何かを食べているようだ。私が父に「金魚は何を食べてるのかな?」と聞くと、父は「藻を食べてるんだろう」と言った。私は水藻を取ってきて、顕微鏡で覗いて見ようと思った。顕微鏡は誕生日に買ってもらったもので、それまで私は髪の毛や塩粒や昆虫の羽根・脚など、手当たり次第に色々なものを拡大して見て、喜んでいた。

水藻をピンセットでつまんでスライド・ガラスに乗せながら、私には「もしかしたら」と閃くものがあった。

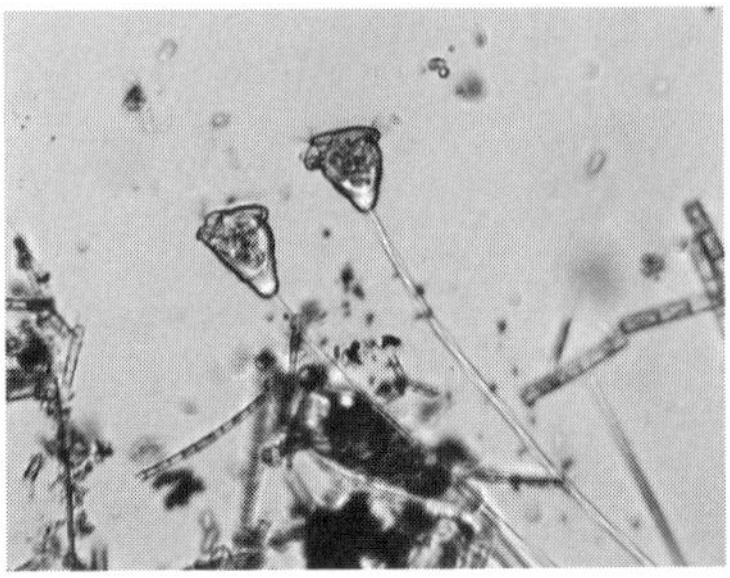

ツリガネムシ（著者撮影）

その前の年に、私は本屋で生物の絵が描かれた事典を立ち読みするようになっていた。あまり毎日眺めていたものだから、祖母がその事典を買ってくれた。私が特に惹かれたのは、ゾウリムシ、アメーバ、ツリガネムシといった単細胞生物たちの姿だった。人間とは似ても似つかぬ魑魅魍魎のような形をした不思議な生物たちが、「淡水」というところにいるらしい。

私は祖母に「淡水って何のこと?」と聞いた。すると祖母は「普通の水のことだ」と言う。怪しみながら水道水を顕微鏡で見てみたが、もちろん何の生物の姿も見えなかった。私は「淡水というのは、きっとこの世の果てのどこかにある水の世界のことなのだろう」と思い、それに憧れては事典の図版を眺めていた。

しかしこのうららとした穏やかな午後、「もしかしたら」と思ったのだ。果たして顕微鏡のピントが合ったとき、緑色の水藻の群落の中から現れたのは、ツリガネムシたちの光景だった。ツリガネムシというのは透明な単細胞生物で、釣鐘状の細胞に長い糸のような尾があって、その尾で水藻や木片などに付着している。ときおりその尾を縮めてぴょんと跳ねる。そのまわりでは、大小の繊毛虫類が、さっと顕微鏡の画面を横切っては去っていく。

私は驚愕し、目を疑った。この世の果ての異界、魑魅魍魎たちの楽園とは、我が家の池のことだったのだ。

「おばあちゃん、見て見て」と私は息も絶えになりながら、奥の間で茶飲み話をしていた祖母と近所のお婆さんとを呼んだ。慣れない顕微鏡に片目を押しつけながら、祖母たちも仰天した。「こんなものが水の中にいるのか」と、腰を抜かさんばかりになりながら、代わる代わるに覗き込んでいた。

あたり一面は、透明な光で満たされていた。人間がいて、池があって、水藻があって、魚たちがいる。しかし、それだけではないのだ。池の水の中には、様々な形をした小鬼のような連中が、膨大な数で暮らしていて、嬉々として跳ね回っている。世界はなんと深く、驚きに満ちているのだろう。

少し落ち着いてから祖母たちは、「長生きをして、こんな不思議なものまで見せてもらった。もうこれで死んでも、何も思い残すことはない」と口々に言い合った。実際に数年のうちには2人ともこの世から去ってしまったのだが、祖母たちが「これで死んでも思い残すことはない」とまで言った光景は、私にとって存在の探求をスタートさせる光景となった。私は生物たちの多彩さに惹かれ続け、そして今でもときどきは森の池に出かけて、顕微鏡で単細胞生物たちの世界を垣間見ているのである。

1　単細胞生物の世界は、竜の8つの首

私たちは日々の生活の中で、食べ物を手に入れたり、それを食べたり、悩んだり、苦しんだり、あるいは楽しんだりして暮らしている。鳥や魚など私たちに近い動物たちの一日も、おおむね似たようなものだ。しかし私たちの現実界とは遠く離れた一滴の水の中という異界にあって、単細胞の小鬼た

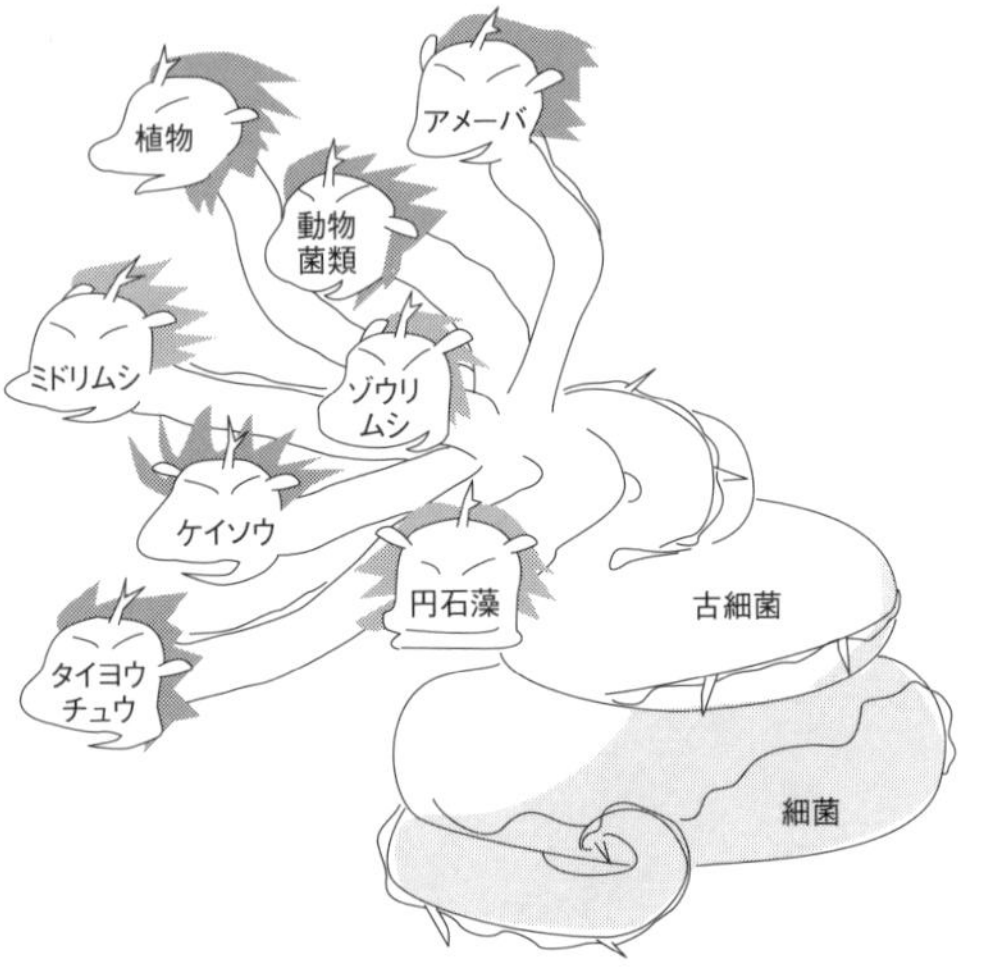

生物界はヤマタノオロチ

ちが、やはり食べたり食べられたり、追ったり追われたりしながら、毎日を暮らしている。そのことに思いを馳せてみるのは、決して人生にとって無駄なことではないだろう。

私がツリガネムシを観察して喜んでいた子供の頃、これら単細胞の生物たちは、「原生生物」（あるいは原生動物）と呼ばれていた。ところが「原生生物」という概念はその後解体されてしまって、現在では存在しない。

生物の分類をめぐってはいつの時代でも喧々囂々の議論が行われていて、現在では「分子系統解析」の手法が主流となっている。これは、DNA・RNAの塩基配列やタンパク質のアミノ酸配列から、生物の系統同士の近さ遠さを解析するものだ。20世紀の後半から盛んになって、21世紀には「核のある細胞」を持つ生物（真核生物）は、8つの巨大系統群（スーパーグループ）に分類されるようになった。もっとも、分類の仕方は人によって異なるのだが、ここでは８つの分類を採用しておこう。

生命の誕生から約20億年も過ぎた頃、あるときたった一度だけ真核生物の祖先が誕生した。祖先はその後、現在までの約20億年の間に枝分かれに枝分かれを重ねて、動物、植物、カビ・キノコなど地上のあらゆる多様な真核生物を生み出していくことになる。全部でいったいいくつに枝分かれしたのか現在では知ることはできない。しかし現在地上に残っている者たちを分類してみると、８つの大きな幹になっているのだ。

喩えて言えば、生物界は８つの首の巨大な竜、ヤマタノオロチのような姿をしていると想像することができる。８つの首はとても巨大で長くて、うねうねとのたくっている。しかもそれぞれの首の先は、さらにいくつもの枝に分かれている。

それではヤマタノオロチの胴体の部分というのは、いったいどうなっているのだろう。胴体の部分は、核のない細胞（原核細胞）の生物たちの世界だ。８本の首がつながる胸部を構成するのは古細菌、そこから連なる腹部を構成するのは細菌である。これらについては、次の章で詳しく述べる。ここでは、頭部と胸部と腹部の３つの領域があると想像しておくことにしよう。

生物界は、ヤマタノオロチのような姿をしている。かつて「原生生物」と呼ばれて一くくりにされていた多彩な小鬼たちは、今ではヤマタノオロチの８本の首のそれぞれに位置づけられるようになったのだ。

それを一つずつ探検してみよう。私たちは庭の池から、遥かな海峡へ、そして遠い深海へと旅をしていかなければならないことだろう。

2　全身が手足なので変幻自在――アメーバの巨大系統群

くねくねと不定形な姿をしたアメーバは、「一生のうち二度と同じ形態をとらない」と言われる。平べったい葉っぱのような身体つきで、あちこちに手を伸ばしてゆっくり這いながら進行する。

単細胞の生物として、私たちが真っ先にイメージするものは、アメーバではないだろうか。アメーバは水の中にもいれば、土の中にもいる。アメーバたちは、実は世界に7000種以上もの種類が知られており、1つの巨大系統群（アメーボゾア、葉状根足虫類）をなしている。

アメーバにとって最も特徴的なのは、身体を取り巻いている葉っぱのような形をした手足だ。「仮足」と呼ばれるこの器官は、どこからでもどちらの方向へでも伸ばしていくことができる。歩くときだけ足になり、食べるときだけ口になる。それだけではない。食胞、つまり胃にもなる。仮足で水も飲むし、固くして骨格にもできる。仮足を使ってものに付着したり、水中をふらふらと浮遊したりする。仮足で感覚したり、他の個体を識別したりもする。感覚には、嗅覚・触覚・光覚があって、光を浴びると暗い方へ逃げる。

ともかく仮足は、運動も感覚もする最強の器官なのだ。しかしだからといってアメーバは、全くの不定形だというわけではない。前後もあれば背と腹の方向の違いもある。そうしてみると、もしもアメーバが私たちの祖先だったとしたら、その後、骨ができて直立していたとしても、仮足を使って変幻自在の愉快な暮らしをすることができたかもしれない。

アメーバを観察している専門家は、次のように描写している。

「アメーバも、空腹になると餌を求めていそいそと動き回る。餌を見つけると嬉しそうにかぶりつく。けがをすると苦痛にのたうちまわる。強い光を浴びるとまぶしそうに逃げる。どうしてよいかわからないときは、困ったようにもじもじと振る舞う。」(『脳と心のバイオフィジックス』松本修文編、共立出版)

アメーバは助産師のような行動もする。アメーバが分裂して2つに増えるときに、なかなかうまく分離できない場合がある。このとき、化学分子を放出して仲間に助けを求めるのだ。すると仲間のアメーバがやって来て、困っている個体の間に身体ごと入り込む。こうしてアメーバは、きちんと分離することができる。ある種では、3分の1ほどのものが助産師の力を借りる。単細胞生物の世界でも、社会的な行動が存在するわけだ。

不思議なのは、こればかりではない。アメーバのほとんどの種ではオス・メスがなくて、単純に2分裂して増えるだけだ。それを延々と続けることができるので、寿命がない。老化もしない。もちろん食物がなくて飢餓が続けば死んでしまうし、事故死もする。しかし条件が良い限りにおいて、アメーバは不死なのだ。これが私たちだとしたら、自分が身体の真ん中から分裂して、それを繰り返し、何十・何百ものクローンとなって生き続けていくようなものだ。

アメーバの多くは、何億年もの間、2分裂のみを続けて現在に至っている。しかしそれではずっと不変なのかというと、そうではない。一定の確率で遺伝子に突然変異が起こるので、2分裂した先で新しい種ができることがある。それは樹状分岐の新たな始祖となって、再び2分裂していく。仮足にしても、葉っぱのようなものばかりではなく、種によっては円筒状や棘状になったものもあるし、壷状の殻をかぶっているものもある。緑藻を飲み込んで緑色になった種もいる。

そしてDNAを猛烈に貯めこんで、ゲノム（全遺伝情報）が1000億塩基対にもなった種さえいる。ヒトのゲノム（約60億塩基対）の10数倍もあり、異様なほどの巨大さだ。しかし機能している遺伝子の部分よりも、繰り返し重複した配列が極端に多いのが実情だ。

アメーバの巨大系統群の中でさらに枝分かれして進化したのが、「粘菌」と呼ばれる系統だった。森の木の切り株にべっとりと黄色い粘液の糸のようなものが張りついていることがある。これは粘菌たちの集合した姿だ。粘菌は1つひとつは単細胞のアメーバなのだが、集合して大きな群体を作る。

タマホコリカビ（細胞性粘菌）は、単細胞のアメーバとして這い回り、細菌などを食べている。そのときは2分裂してどんどん増殖する。しかしやがて食物がなくなってくると、ある者が化学分子を放出する。これはC-AMP（環状AMP）と呼ばれる比較的単純な分子で、この綴りは「キャンプ」と読める。「キャンプ！」と誰かが号令をかけると、その者を中心にして他のアメーバが近寄ってきて、キャンプするというわけだ。他のアメーバたちも同じ物質を放出するので、物質は波のように広がり、アメーバたちは中心に向かって輪を描くように続々と行進してくる。

アメーバたちは集合して、ナメクジのような乗り物を形成する。この乗り物には前と後ろがあり、光や熱に敏感になって、明るい場所を求めて這っていく。まるで多細胞生物のようだが、あくまでも単細胞で作った群体である。

明るいところまで来ると、そこで立ち止まって今度は20万ものものが縦に重なり合い、高い塔を建設する。それは2ミリほどの高さにすぎない。しかしアメーバが人間の大きさだとすると、高さ数百メートルにもなる空にそびえ立つ巨大な塔なのだ。塔の内側は空洞になっている。先端は丸く膨らんだ球になっていて、その中で胞子ができる。胞子たちはそばを通る昆虫などに付着して、新天地に運ばれる。

粘菌は、有性生殖するところまで進化した。通常のときにはオスとメスはいない。分裂するだけの無性生殖でどんどん増える。しかし環境条件が悪化すると、2つのアメーバが接合して大きな固い袋を作り、休眠状態になる。接合してからの例外的な一時期だけが、有性生殖である。そして条件が良くなると分裂して、胞子を作る。そして胞子は、再びアメーバとなって動き回るのだ。

私たち動物には無性生殖はないのかというと、そうではない。私たちの身体を作る1つひとつの体細胞は、幹細胞から分裂してできたものであり、通常のときの細胞の分裂は無性生殖だ。身体は細胞の群体社会なのだと考えると、そのほとんどでは無性生殖が行われている。極めて特殊なときだけに有性生殖をするというのは、私たちヒトもタマホコリカビもあまり変わらないのである。

3　動物の祖先は1本だけの尻尾——後方鞭毛生物の巨大系統群

ヤマタノオロチの8つの首の中でも、私たち動物の祖先がどのあたりにいるのかが気にかかる。空を見上げれば渡り鳥が渡っていく。森の静寂の中でカラスたちが鳴き交わし、鏡のような池の水面にときおりぽちゃんと魚の跳ねる音が響く。足元ではアリが忙しく地面を這い、クモは銀の糸のようにきらめく巣の中心でじっと獲物を狙っている。こうした動物たちはみんな私たちの仲間であり、共通した祖先を持っている。

それは、鞭毛を1本だけ後ろに伸ばした単細胞の生き物だった。その姿はちょうど精子と同じようなものだ。後ろにある鞭毛をくねくねと動かしながら、オタマジャクシのように泳ぐ。これを祖先とする巨大系統群のことを「後方鞭毛生物」（オピストコンタ）と言う。

祖先の姿を現在にとどめている単細胞生物は、「エリ鞭毛虫」である。それぞれの個体は1本の鞭毛を持ち、群体になって女性のイヤリングのような形を作る。原始的な動物であるカイメンには「エリ細胞」という細胞があって、鞭毛で水流を作り食料を取り込む。エリ細胞は、エリ鞭毛虫とそっくりの姿だ。そして私たちの身体の中にもよく似た姿をした細胞は多数あって、気管・腎臓・輪卵管・脳室などで鞭毛を振って水流を作ったり、ものを動かしたりしている。

単細胞生物のほかの6つの首のグループでは鞭毛が2本あるのに対して、私たちの祖先は、鞭毛が1本だけだった。尾が後ろに1本だけという形は、身近にいるイヌやネコも、ゾウやカンガルーも、ひいては鳥や魚も同じだ。みんな後ろに1本の尻尾を持っていて、まるで祖先の姿を繰り返し反復しているかのようにも見える。私たちヒトは、動物の中では尻尾を失った変わり者なのだ。

細い1本の鞭毛は、複雑な構造を持った運動器官である。鞭毛を輪切りにしてみると、微小管といううたくさんの管がぐるりと輪のように並んでおり、管の数は9個と決まっている。その管で作る輪の中央部に、さらに2個の管が置かれている。つまり真ん中の2つの丸印を取り巻いて、昔の固定電話のダイヤルのように9つの丸印が円形になって輪を描いている。「9＋2」の構造だ。

この管のうち1本だけを取り出して、これを分解してみると、プロトフィラメントという繊維が13個集まって形成されている。この繊維をさらに分解してみると、チューブリン2量体というタンパク質の集まりだ。それを分解してみると、αチューブリンとβチューブリンという2つのタンパク質でできている。細胞から生えている微小な毛にすぎないと思っていても、分解してみればこのように何重もの入れ子構造になっているわけだ。微細な1本の鞭毛もまた、いわばマトリョーシカ人形なのだ。

このような鞭毛の構造は後方鞭毛生物だけでなく、真核生物すべてに共通だ。おそらくヤマタノオロチの首が分岐する前に1回だけ発明されて、それが連綿として受け継がれてきたものなのだろう。

さて後方鞭毛生物のグループは、途中から大きな2つの枝に分かれた。10億年ほど前のことだ。1本の枝は動物界を生み出し、もう一方の枝は「菌類界」となっていった。菌類界というのはカビ・キノコの仲間である。単細胞生物ではなくて、細い糸のように伸びる多細胞の生物だ。

油断していると果物に白く生えたり浴室に黒くこびりついたりするカビは、顕微鏡で拡大して見ると、ただの細い糸の絡まりのように見える。こうした微生物が私たち動物と親戚同士だとは、にわかには信じがたい。だからかつてカビ・キノコは、植物に分類されていた。しかし分子系統解析の結果、今ではカビ・キノコは、私たち動物と同じ幹から分かれた同類として席を占めるに至った。

カビはどこにでもいる。微生物の36パーセントを占めるとされ、その種類も3万種とも20万種とも言われる。空気中にはカビの胞子がふわふわと漂っており、1立方メートルの空気に少なくとも数個から数百個、多ければ数千個の胞子が含まれる。上昇気流に乗って上空に舞い上がり、1万メートル以上の成層圏からも発見された。胞子は風に乗って、一日に350キロメートルも移動する。

カビは菌糸という身体を長く伸ばしていって、生殖するときはその先端に子実体という構造を作る。植物で言えば花のようなものだ。それが大きくて目立つものをキノコと言う。したがってキノコの本体は、実は土の中の絡み合ったカビの長い糸なのだ。

私たちヒトを含む哺乳類、鳥や魚や昆虫、そしてミミズ、クラゲからカビ・キノコ、さらにはビールやパンを作る酵母に至るまで、みんな後方鞭毛生物の末裔である。しかし真核生物というだけでもあと6本もの幹がある。次に私たちは、陸地の偉大な支配者である植物の属する幹を探検してみなければならないだろう。

4　陸地を緑で覆ったものたち――植物の巨大系統群

翼のある鳥のように大空に舞い上がり、空から地上を見てみよう。大地は一面に緑の植物の世界だ。遠く連なる山々は、深く鬱蒼とした濃緑色の木々に覆われている。市街と山々の境目にあるなだらかな丘陵地は明るい草原になっており、色とりどりの野の花が咲き乱れている。山々から低地に向けて連なる農耕地には、イネや野菜や果樹が植えられている。そして市街の道路や水辺には黄緑色の並木が連なり、海にたどり着くまで家々の庭や公園に鮮やかな緑が溢れている。

これほど陸上を覆い尽くしている植物だが、驚くべきことに、かつて十数億年前に、光合成細菌（シアノバクテリア）を飲み込んだたった1つの祖先から樹状分岐したものなのだ。植物の祖先は1回だけ生じて、そして陸地を覆い尽くした。

ここでは植物の始祖の誕生を見るために、それよりもずっと以前に遡って、核のある生物（真核生物）の始祖がどのように登場してきたのかをまず見ておこう。

約40億年前に生命が誕生してから20億年の間、この世には核のない生物（原核生物）しかいなかった。原核生物とは細菌・古細菌のことであり、他方の真核生物とは、動植物などヤマタノオロチの8つ首に属する生物だ。原核生物と真核生物の2つは名前は似ているものの、その違いは核があるかないかというだけのものではない。真核細胞は原核細胞に対して一般に1000倍以上の体積があり、細胞の内部に様々な区画や小器官を持っている。真核生物は、原核生物に比べて格段に複雑なのだ。その真核生物が登場する以前に、原核生物だけの時代が全生物史の半分もの間続いていたことになる。

太古の地球の大気は二酸化炭素・水蒸気・窒素が多くを占め、気体の酸素はほとんど含んでいなかったとされる。ところがしばらく経って、原核生物の一系統として、光合成細菌が登場してきた。光合成細菌は、太陽光のエネルギーを利用して二酸化炭素から有機物を作り、酸素を放出するようになった。このやり方は大成功を収め、24～21億年前には光合成細菌が海を埋め尽くすほど大繁栄した。まず海中に溶けていた鉄分を酸化して、鉄鉱床を作った。それまで赤褐色をしていた海は、青色に変わった。

オーストラリアやブラジルに大規模に広がる鉄鉱床は、このときの光合成細菌の働きによって、鉄が沈んでできたものだ。私たちの生活で毎日利用するナイフ、電気製品、自動車、あるいは電車・鉄道や船舶も、この頃に沈んだ鉄がいかに莫大で、私たちに役立っているかを物語っている。

光合成細菌たちは、海の色を変えてもなお酸素を放出し続けたので、今度は大気に酸素が蓄積していった。当時の海洋を空から見ると、その表面は緑色の絵の具を垂らしたような光合成細菌の異常繁殖が、一面に見られたことだろう。

酸素は当時の生物たちにとって猛毒だった。多くの生物のグループが死滅しただろう。生き残ったものも酸素濃度が上がるにつれて、深海、深い地中、あるいは熱い温泉の中のような酸素のない環境へと逃げのびていかなければならなかった。

ところが一方で、酸素を利用することのできる細菌がいた。αプロテオ細菌（アルファプロテオバクテリア）の一種である。この細菌は、酸素を使ってエネルギー電池（ＡＴＰ）を効率的に作り出すことができた。20億年ほど前のあるとき、やや大きめの古細菌の一種が、このαプロテオ細菌を飲み込んで共生した。

こうした場合、通常は飲み込まれた方が消化されてしまって消えてなくなる。ところがこのときは、どうしたはずみか飲み込まれた細菌は、おそらくはもがきにもがいた末に消化されず、生き残った。飲み込んだ古細菌の方も、相手を殺してしまわなかった。このとき双方の活動が奇跡的に釣り合った。こうして「合体生物」が誕生した。これが、真核生物の始祖なのである。

そして古細菌の方は、体内に棲みついたαプロテオ細菌に栄養を与えて養うようになった。αプロテオ細菌の方は、酸素をうまく処理して宿主にエネルギーを与えるようになった。合体する以前から古細菌とαプロテオ細菌が寄り添い、水素のやりとりを通じて協力関係にあったという説もある。古細菌にとって猛毒の酸素を処理してくれるαプロテオ細菌をそばに置いておくことは、貴重だったに違いない。

αプロテオ細菌の祖先は寄生生活をしているうちに、自分の遺伝子を宿主に明け渡し、自分では必要最小限の遺伝子を持つだけの小器官になっていった。それが、現在のミトコンドリアである。古細菌とαプロテア細菌が合体することによって真核生物が成立し、生物界は複雑さの階梯を一段上がったのだった。

さて、この項の主人公である植物の祖先は、その真核生物の中からさらに枝分かれしてできたものだ。真核生物が誕生してしばらく時間が経ったとき、今度はそのうちのあるものが、酸素発生型の光合成細菌を飲み込んだ。そして消化してしまわないで、植物の祖先と光合成細菌の活動がここでも奇跡的にうまく釣り合った。このとき新たな合体生物が誕生した。飲み込まれた方の光合成細菌は、やがて植物細胞の中にある葉緑体となっていった。

こうして成立した3つの生物（古細菌、ミトコンドリアの祖先、葉緑体の祖先）が1つに合体した生物こそ、植物たちの始祖なのである。この事件も1回だけ起こって、2度と起こらなかった。この始祖から枝分かれして生じた植物の巨大系統群のことを「古色素体類」（アーケプラスチダ）と言う。

植物の祖先と言っても、最初は単細胞生物である。現在で言えばミカヅキモ、アオミドロといった単細胞の藻類がそれに当たる。アオミドロはたくさんの細胞が長く連なって群体の姿になる。そうした群体がやがてつながったまま離れなくなり、細胞ごとに役割分担して、多細胞生物となっていったのだった。

古色素体類の系統は、続いて「緑藻」の幹と「紅藻」の幹に枝分かれしていった。緑藻は、緑色の色素クロロフィルを持っており、陸上植物につながっていく幹である。紅藻の幹ではクロロフィルのほかに、紅色や青色の色素フィコビリンを持っていて、多くは赤っぽい色に見える。紅藻類は海藻の中では大きな勢力を誇り、7000種以上のものが知られている。食用になるフサノリ、スサビノリ、寒天の材料となるテングサ、食品の増粘剤カラギーナンを採るツノマタなどが紅藻に所属する。

一方、紅藻と別れたもう1つの幹である緑藻の方は、やがて上陸してコケ類となった。これが陸上植物の祖先だ。そして地上の5大陸の隅々にまで広がった緑色植物の細胞の中では、今日も光合成細菌の末裔である葉緑体たちが、有機物を作って酸素を吐き出すという、地上で最も偉大な活動を続けているのである。

5　光合成もすれば動き回って捕食もする――ミドリムシの巨大系統群

生物界の8本の首のうち、動物とアメーバのグループ以外、植物を含む6つの巨大系統群では、2本の鞭毛を持った共通の祖先がいた。これらの仲間では、鞭毛は尻尾のように後ろにあるのではなくて、腕のように前方にある。その始祖から枝が分かれていって、現在では6つの首になっているわけだ。

そこで、次に見てみたいのは2本の鞭毛を持つグループのうち、ミドリムシの属する巨大系統群「エクスカバータ」だ。

ミドリムシは0・1ミリ前後の大きさで、池や沼、水田などに広く生息している。その姿がよく知られているとおり、薄緑色をした細長い体型だ。頭部にくぼみがあり、そこから長い鞭毛が出ている。この鞭毛をしなわせながら、身体をくるくると回転させて泳ぐ。もう1本の鞭毛はくぼみの中に小さく収まっているので、外からはあまり見えない。

ミドリムシは、植物と同じように光合成をする。しかし植物の祖先が光合成細菌を飲み込んで直接的に合体したのとは、やり方が違う。ミドリムシは、既に合体生物となっていた植物を飲み込んで共生したのだ。飲み込まれた植物は、単細胞の緑藻だった。この結果ミドリムシは、緑藻のゲノムも持っていれば、光合成細菌のゲノムも持っている。ミドリムシは2次的な合体生物であり、①最初の細菌、②それを飲み込んだ植物、③さらにそれを飲み込んだミドリムシが3重の入れ子構造となった生き物なのだ。

鞭毛2本の祖先から派生した6つの首の中で、植物以外のグループでも光合成する種は多い。これらはすべて、2次的に植物を飲み込んで入れ子構造になった多重合体生物なのである。

ミドリムシは、光のある方向に向かって泳ぐ。太陽光の降り注ぐ昼の間は、水中から浮かび上がって光合成をする。夜になると沈んで、分裂して増殖する。光の全く射さない暗闇の部屋に置いておいたらどうするか。それでもやはり30時間ごとに、浮かび上がったり分裂したりする。これは、単細胞であるにもかかわらず、ちゃんと体内時計を持っているからできることだ。そして時計を目安に環境と照らし合わせながら、行動を決めている。

一方、光合成が十分にできない場合、ミドリムシは遊泳して運動し、細菌などを捕まえて食べる。植物のようでもあるが、動物のようでもあるわけだ。

もしも私たちの祖先がミドリムシだったとしたら、私たちは仕事をしたくないときには、テラスで日光浴をするだけで満腹することができただろう。実際動物の中にはこうした生き方を選択したものがいる。ヨーロッパの海岸にいるコンボルタというナメクジのような小動物は、口も消化管もなくて、体内に緑藻を棲まわせている。そして緑藻の作る糖質を与えてもらって、海辺で日光浴しながらのんびりと暮らしているのである。

光を求めて遊泳するのだから、ミドリムシは光を感受する器官を持っている。頭部のくぼみのところにオレンジ色をした点(眼点)があり、色素が集まっている。昔はこれで光を見ているのだろうと考えられていた。しかし近年分かったのは、眼点は単に光を遮るフィルターにすぎないということだった。光を感知していたのは鞭毛の付け根にある微妙に丸く膨らんだ部分だったのだ。ここにはビタミンB_2に似た色素が集合しており、紫外線や青色の光を感知していた。

泳ぐときミドリムシは、くるくると回転する。すると光は周期的に眼点に遮られたり直接当たったりする。点滅するライトが回るようなものだ。その時間差を利用して、ミドリムシは空間を認識する。そしてその情報を元にして上下の方向を知ったり、遊泳すべき方向を決める。光が照らし続けているときは、直進する。影になるとびっくりしたようにランダムな泳ぎをして、再び光の方向を探す。

ミドリムシの巨大系統群の中で恐ろしいのは、動物に寄生するようになったものが多数いることだ。

トリパノソーマ類は、ツェツェバエなど昆虫の腸管の中に棲んでいる。昆虫が吸血する際に、トリパノソーマはヒトや家畜の血液の中に移行して、高熱・神経疾患から死に至るアフリカ睡眠病を引き起こす。植物に寄生する種もいる。また、トリコモナス類は、動物の消化管・泌尿生殖器などに寄生して、妊婦が感染すると流産を引き起こす。

6 覇者の3グループが海洋生態系を作った

4つの巨大な首を見てきた。まだほかに4つの首がある。しかし自然界の中で目立っている生物たちは、あらかた見たような気がする。このほかに自然界に大きな影響を及ぼすグループというのは、あるのだろうか。

ところが大ありなのだ。これから見る3つの首、ゾウリムシのグループ、ケイソウのグループ、円石藻のグループがそれだ。これら3つのグループは元をたどれば共通の祖先を持っていたと考えられ、ひとまとめにして分類する人もいる。海洋で大発生するこれらのグループの中には光合成するものが多くて、地上の酸素の実に半分ほども作り出している。陸上の緑色植物が作っているのは、後のもう半分なのだ。

海洋の生物量の実に98パーセントは、彼らを含む微小なプランクトンからなっている。プランクトンがいなければ、魚もタコも、また海鳥もクジラも存在しない。光合成の量を見ると、陸上のすべての植物を合わせても600億トンであるのに対し、海洋のプランクトンだけで400〜500億トンにものぼる。海の表層に浮かんでいるだけの微小なプランクトンなのに、光合成量が大きいのはなぜだろうか。それは、陸上植物の200倍以上もの速さで世代交代しているからだ。

陸上の目に見えるところは緑色植物の世界だが、地球の7割を占める海洋は彼らプランクトンの世界だ。彼らの死骸はマリンスノーとなって、暗闇にゆっくりと降る花びらのように海底に降り注ぐ。そこでは、発光するエビやイカ、変幻自在のクラゲやナマコ、そして目玉の飛び出した魚など奇怪な姿をした深海生物たちを養い、深海の生態系を成立させている。

約2億年前から始まる中生代ジュラ紀の頃、中東の海底に降り注いだケイソウ・渦鞭毛藻・円石藻などは、堆積し圧縮され、長い時間をかけて石油になった。私たちの毎日の暮らしで使ってきたガソリン・プラスチック・化学繊維、さらには火力発電などの主な源泉も、海洋のプランクトンたちだったのだ。

これら3つの海の覇者たちと陸の覇者である植物は、幹の深い根元のところで共通の祖先を持っていた。その祖先には先ほど触れたように、鞭毛が2本あった。しかもその子孫たちは、枝分かれした先で何度も合体した。

繊毛虫の一種であるメソディニウム・ラブラムという単細胞生物を見てみよう。この繊毛虫は、身体中に生えている毛を動かして素早く遊泳することができるし、光に近寄って来て光合成もする。この性質はミドリムシに似ているものの、身体のつくりは遥かに複雑だ。ゲノムの構成を見ると、繊毛虫が「緑色クリプトモナス」を飲み込んで合体してできたものだと分かる。ところがこの「緑色クリプトモナス」の方は、クリプトモナスが紅藻を飲み込んでできたものなのだ。飲み込まれた紅藻こそ植物の祖先であり、もともとαプロテオ細菌と光合成細菌を飲み込んで合体したものだ。

いったいメソディニウム・ラブラムは、何重に合体した生物なのだろうか。実は4重の入れ子構造になっていて、この生物の身体の中には、7種類もの生物のゲノムDNAが別々の袋の中に入っている。

このようにヤマタノオロチの首の根元にある単細胞生物の世界では、合体によって新しい生物ができるということが何度も起こった。つまり首はまっすぐに伸びて分岐しているだけではなくて、その根元のあたりでは、絡まり合って網目状になっているのである。

7 眼球を作ったり性を作ったり――ゾウリムシの巨大系統群

詩人アルチュール・ランボーは、夜光虫について次のように歌った。

「目もくらむ光の雪と降る良夜。ものやさしくも、海の睫をふさぐ接吻《くちづけ》や、水液のわき立ちかえるありさまや、唄《うた》いつれる夜光虫の大群が、黄に青に変わるのを夢に見た。」(「酔っぱらいの舟」、ランボオ詩集、金子光晴訳、角川書店)

海の覇者である3つ首のうち、まずゾウリムシの属する巨大系統群(アルベオラータ)を見てみよう。夜光虫は、この巨大グループに属している。ゾウリムシは水田など淡水に住む身近な生き物なの

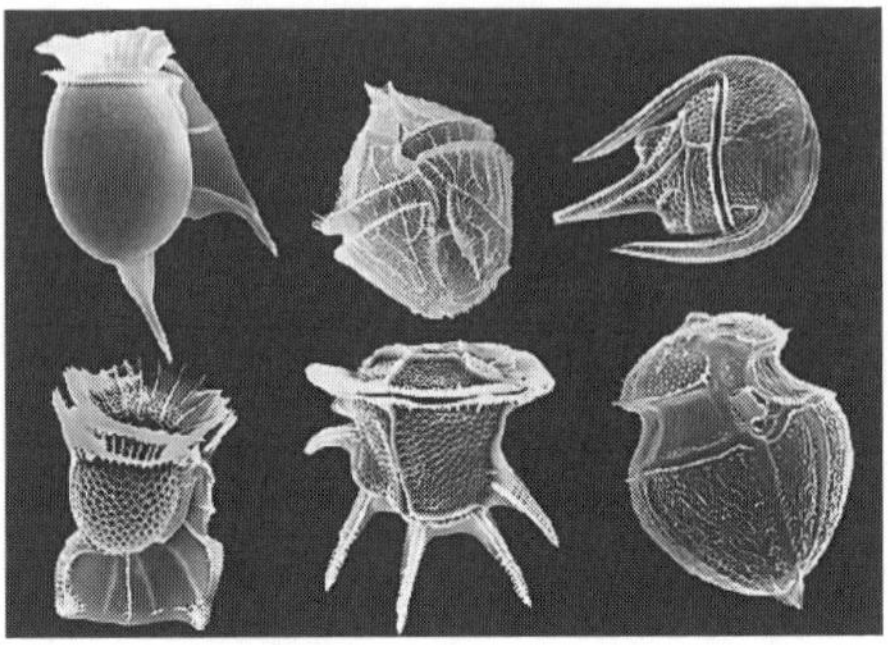

渦鞭毛虫（Wikimedia commons）

で、代表選手として表題に掲げたものの、実はこのグループは海洋の方がずっと数は多い。

このグループもやがて大きな2つの枝に分かれていった。身体の造りが比較的単純な方を「渦《うず》鞭毛虫」と言い、一方、祖先が持っていた2本の鞭毛を増やしてたくさんの繊毛としたものたちを「繊毛虫」と言う。夜光虫は前者に属し、ゾウリムシは後者に属する。

まず、原始的な方の渦鞭毛虫から見てみよう。ランボーの詩で歌われた夜光虫は、夜の海で大群をつくって、一面にちらちらと神秘的な青い光をきらめかせる。渦鞭毛虫類には約２０００種が知られており、そのうちの約半数が光合成するものたちである。中生代に大繁栄したものの、中生代の終わりとともに絶滅した種も多く、現生種より遥かに多い約４０００種が化石となっている。

渦鞭毛虫の多くは、植物繊維と同じセルロースでできたヨロイをまとっている。その形態を見ているだけでも、なかなか魅力的なものがある。トランペットや花瓶、壺、ヘアバンド、糸巻きあるいは針や角のような形をした種もいる。

海洋で大発生するツノモは、頭から2本の腕が突き出しているような姿をしていて、長い尻尾がある。T字型の錨《いかり》のような形だ。腕の先端はすっと尖った針のようなのに、光が当たるところではそこから5～6本の指が生えてくる。この指を伸ばしたり縮めたりして、水中で浮いたり沈んだりする。それはオタマジャクシの頭部から2本の手が生えて、その先に5本ずつの指を広げたようなものだ。まるでヒトの姿のようではないか。さらに複雑な形として、UFOの円盤やピラミッド、さらには縄文土器のようになった種もいる。

また、渦鞭毛虫の中で特に興味深いのは、単細胞なのになんとレンズのある眼を作ってしまったものが何種類もいることだ。たとえばくるくると泳ぐモリメダマムシの眼は、半球状の電球のような形をしている。しかも、私たちの眼と同じように、網膜とレンズと角膜でできている。網膜は、葉緑体が変形したものだ。私たちの眼で明暗を見分ける桿体細胞と同様、ロドプシンという色素物質を含んでいる。レンズは、透明なタンパク質の結晶だ。角膜はレンズを保護するカップであって、ミトコンドリアが変形したものだ。眼は光を屈折させ、網膜上に像を結ぶ設計になっている。

眼を持つ渦鞭毛虫は食料となる単細胞生物を見つけると、糸状のものを爆発的に放出してからめとる。こうした捕食をするために眼で獲物を感知したり、天敵が接近するのを感知したりしているのだろうと考えられている。

次に、もう1つの系統である「繊毛虫」を見てみよう。種が実に豊富で、10万種ほどにも枝分かれしたとされる。10万種というと、魚・鳥・哺乳類を含むすべての脊椎動物よりも遥かに種数が多いことになる。単細胞のままで到達した樹状分岐の極致だと言える。

祖先で2本だけ持っていた鞭毛が増加して、たとえばゾウリムシでは5000本もの繊毛になった。鞭毛と繊毛は同じ構造のもので、「9＋2」構造だ。繊毛虫では、口と肛門の位置が決まっている。また身体の内部にも腎臓や消化管に当たる小器官など、様々な構造があって、それが管状の繊維によってつながっている。この繊維も「9＋2」構造でできたものだ。

ゾウリムシの形は、多数の毛が生えたスリッパのようだ。しかし繊毛虫の種によっては、円筒形や花瓶、壺、金管楽器のようなものまでいて、こちらも多士済々である。私が子供の頃から愛惜しているツリガネムシも、繊毛虫の一種だ。

繊毛虫がさらに特徴的なのは、核を1つでなく大核と小核の2つ持つことだ。大核の方は生活を司っていて、食料を消化したり身体を作ったりする際に働く。小核の方は遺伝子を保有している倉庫であって、ふだんはじっとしている。

通常のときは大核が身体のタンパク質を作っていて、無性生殖の分裂によって増えていく。しかし数百回分裂すると、そのクローンの集団はだんだん老化していく。そしてそのままでは遂に寿命が尽きて死を迎える。私たちの体細胞の社会が老化して死んでいくのと同じだ。

ところがゾウリムシは、ある程度分裂が進んで成熟すると、有性生殖がしたくなってくる。ゾウリムシの有性生殖というのは、他の個体と「接合」することだ。このとき小核は、あらかじめ分裂して4つになっている。そして個体と個体がくっつき合って小核を1つずつ交換し合い、もらった小核を自分の小核と合体させる。これが接合である。すると従来の大核は崩壊して、新しい大核が作られる。大核が新しくなると、身体を内部から更新していく。有性生殖をすることによって若返り、新たな人生をスタートするわけだ。

このように繊毛虫は、性（有性生殖）というものを持った。アメーバのように分裂するだけで無限に増え続けるという生活スタイルではない。2つの性の個体が合体して子孫を作るというスタイルとなったのだ。

生物界において、性は必ずしもオス・メスの2種類だけではない。ゾウリムシでは16もの性の型があって、自分と同じ型でなければどの性の個体とでも接合できる。他の繊毛虫には7つの性のものもあれば、種によっては38の性を持つものもいる。私たちオス・メス型の生物よりも、発情したときにはチャンスが多いというわけだ。

彼らはコミュニケーションもする。2019年、米国スタンフォード大学のマティジセンが報告したところによると、繊毛虫の一種（スピロストコム）は、集団的にコミュニケーションするために体表で波を起こしていた。この大型で細長い繊毛虫は、食料となる動物を見つけると、毒を発して仕留める。また天敵が近寄ってきた場合も、毒を出して身を守る。1匹の繊毛虫は毒を放出するとき、身体の長さを2分の1ほどにしてぴくぴくと収縮する。そのときに起こる波は、泳ぐときの水流よりも数百倍の速さで仲間に伝わり、仲間たちも同調して同じように収縮する。そして集団で毒を放出し、獲物や天敵を攻撃するのだ。

このように微小な者たちは、微小なりに非常にうまく造られている。

私は子供の頃、顕微鏡でツリガネムシや他の繊毛虫たちを眺めながら、不遜にも「自分は彼らにとって、神のような存在だ」と考えていた。私は彼らの一挙手一投足を上から見ているのに、彼らは見られていることさえ知らない。そして私がスライド・ガラスの上をティッシュペーパーでさっとひと拭きするだけで、彼ら膨大な数の命を含む地上の楽園は滅んでしまう。微細な者たちがどんなに努力しても、生殺与奪の権限は巨大な私の方が持っていると考えたのだ。

ところが微細なものたちは、実際にはよほどしたたかだった。単細胞生物たちは水分を失うなど環境条件が悪化すると、身体を丸めてシストという休眠の状態に入ることができる。彼らは風に舞い上がり、何キロでも移動することができる。ときには成層圏まで上空に巻き上げられて、雲の中で目覚めることもある。地上に降る雨の粒の中には、彼らが含まれている。

あるとき私は細首のフラスコの中に、水道水を入れて庭に何か月も放置しておいてみた。やがてフラスコの水は緑がかってきて、その中にはくるくる踊る彼らの楽園ができていた。彼らは、空からやってきたのだ。日本の片田舎の池にもパリの公園の噴水の池にも同じツリガネムシが生息しているのは、このようにして彼らが何万キロも旅をしてきた結果に違いないのだ。

8　ガラスの城に住んでいる──ケイソウの巨大系統群

森の池の水を一滴だけ採取して顕微鏡で見てみると、細い針のようなケイソウがびっしりひしめき合っている。まるで鬱蒼と茂る林のようだ。彼らはじっと動かないで透明なケースに身を包んでいる。やや褐色がかっているのは、光合成をしているからだ。透明なケースは、ケイ酸質からできたガラスと同じ堅固なものだ。小さな捕食者から身を守る。もっともミジンコなどの小動物には食べられてしまい、小動物はガラスだけ消化できずに排出する。

海の覇者である3グループの中で、現在、最も繁栄しているのは、ケイソウたちだ。地上の酸素の4分の1は、ケイソウ類が供給している。ケイソウを含む巨大系統群は、「ストラメノパイル」と呼ばれる。

この巨大系統群の中で、ケイソウ類は1万種以上もの種に枝分かれした。繁栄しているのは光合成のおかげであり、ケイソウの身体の中で光合成しているのは、紅藻である。ケイソウもまた、紅藻との3重合体生物なのだ。光合成をしない種もいて、ミズカビ類は昆虫の死骸に取りつく。ワムシやセンチュウといった多細胞動物を捕食するものもいる。

このグループの共通点は、生涯のある時期に2本の鞭毛で遊泳することだ。その1本には微小な毛が生えており、進む方向を逆転することができる。

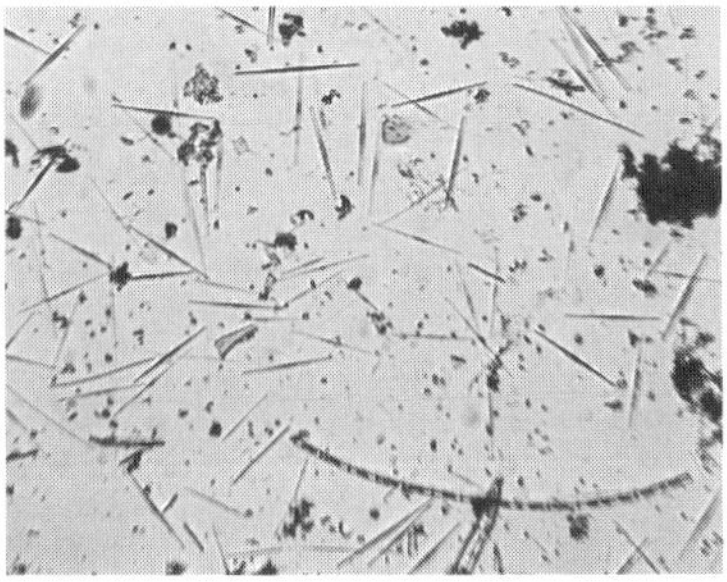

ケイソウ（著者撮影）

ガラスのケースは多様な形をしている。ケイソウとして通常紹介されるのは、楕円、円盤、円筒形のような単純な形のものが多い。しかし種によっては、三角形、ジグザグ状、扇、ティアラ、編み針、糸巻き、ムカデ状、半分のドーナツまである。ケースの表面には指紋のような模様があり、また小さな穴や突起、細い隙間がある。ケイソウは穴や隙間から粘着物を出して、岩石や藻に付着する。

ガラスケースは、重箱のように上下2枚が重なったものだ。分裂すると上のケースはそのままの大きさを保つのに対して、下のケースの方は少し小さくなる。下のケースからできた個体がさらに分裂していくと、下側の箱はどんどん小さくなる。限界まで小さくなるとどうするか。ケイソウは、ケースを持たずに裸でふわふわと遊泳する。そしてある程度大きくなったところで、またケースを作り始めるのである。

ガラス質は、糖質の10分の1のエネルギーで作ることができる。しかし、ガラスの素材であるケイ酸は水中に溶けている量が少ないので、これを用いる海の生物は多くない。カイメンの中には、ガラスで骨片を作るものがいる。脊椎動物も骨を作る初期にはガラス質を用いるものの、使う量はほんのわずかだ。これに対して陸の土壌には、岩石鉱物からできたケイ素が豊富に含まれる。野原ですっと尖った草に触れると、指が切れて血がにじむ。これはイネ科などの植物たちが、ガラス質で身を守っているからだ。その草をウシなど草食動物が食べ、その排泄物が雨に流されて海に至る。それがケイソウに利用される。このようにして、ケイ素は陸と海を循環するのだ。

ケイソウの死骸が海底に堆積すると、数百万年かけて数百メートルもの地層ができる。今も年間3億トンものガラス質（シリカ）が海底に堆積している。これが隆起してくると丘や山となり珪藻土と呼ばれる物質となる。珪藻土は絶縁体やフィルターとして利用され、また何億年もかけて変成したものは、石油や天然ガスとして利用されている。

ケイソウは、休眠することも得意だ。６６００万年前、中生代の末期に恐竜やアンモナイトなどが大量絶滅する大惨事が起こったが、ケイソウたちはほとんど無傷で乗り切った。大惨事の間、海底に沈んで休眠していたのだ。

休眠するときは、固い殻をまとった胞子となる。冷蔵庫で20年間休眠させても無事だった。おそらくはもっと長期にわたって休眠できるだろう。一方、数日や数週間のうちに目覚めることもできる。海底から湧昇流が吹きつけて身体が海面に出たときに、光を感知すると目覚めることができるようだ。

海のプランクトンの世界では、3390万年前までの始新世には渦鞭毛虫や円石藻が優勢だった。これに対し、その後に始まる漸新世になると、ケイソウが優勢になった。地球が寒冷化したために、一定期間休眠を続けるタイプよりも、光が当たると目覚めるケイソウのタイプの方が有利になったのだ。

ケイソウは動物とも植物とも全く別の幹に属しているが、驚くべきことに、動物や植物以外で多細胞化への道をたどったものたちがいた。それは、コンブやワカメなどの「褐藻」である。ケイソウのような単細胞生物が集まって、コンブやワカメになったのだ。褐藻は葉緑体の中に緑色のクロロフィルのほか色素フコキサンチンを持っているので、褐色に見える。コンブ、ワカメのほかヒジキ、モズク、ホンダワラなど私たちが日常的に食べたり目にしたりしている海藻の多くは褐藻に属している。これらは、植物の系統ではない。一方で海の浅いところにいる緑藻や、海の深いところにいる紅藻は、植物の仲間だ。2000種に及ぶ褐藻は、これら植物を押しのけて、海の中位の領域を占領している。

褐藻の一種ジャイアントケルプともなると、海底からゆらゆらと伸びてきて、実に200メートルもの長さになる。1個体だけでは地上最長である。恐竜の体長17メートル、クジラの36メートルなどでも比べものにならないほど長大だ。陸上最大の樹木セコイアでも100メートルにすぎない。しかしジャイアントケルプは、これだけの巨体であっても、樹齢何百年にもなる樹木と違って、寿命は30年ほどにすぎない。巨大な身体から生まれた胞子は、細胞わずか数個という別の身体を作る。その小さな親から精子と卵が放出されて合体し、また新たに巨大化する人生を再開するのである。

9　白亜の大聖堂が地球を冷やす——円石藻の巨大系統群

フランスから海峡を渡ってイギリスに向かうとき、遥か海洋上に姿を現してくるのは、ドーバーの白壁だ。この崖は、約1億年前の円石藻の死骸が作ったものだ。円石藻を含む巨大系統群を「ハクロビア」と言う。

円石藻は中生代のジュラ紀から白亜紀にかけて大発生した。浅い海は一面に白くなり、その中を巨大なトカゲのモササウルスが泳ぎ回っていた。海底には円石藻のマリンスノーがひっきりなしに降り注いでいただろう。

今も外洋で円石藻が大発生すると、実に日本の国土面積の2倍以上にもなる。1リットルの海水の中に浮遊している個体は、数十から数十万個に及ぶ。

円石藻は丸い石灰の殻（円石）を持ち、光合成をする。身体のサイズは1ミリの500分の1から20分の1と小さくて、他の単細胞生物やカイアシなどの小動物に食べられる。殻は炭酸カルシウムでできており、海底に溜まって石灰岩になる。ドーバーの白壁だけでなく、大聖堂やピラミッドに使われた大理石にも円石藻の殻が詰まっている。また、教室で使うチョークにもなる。

こうして円石藻たちは、炭素やカルシウムの循環に一役買うわけだが、それだけではない。彼らは、地球を冷やす役目も果たしている。円石藻は白いので、太陽光線を宇宙空間に跳ね返すのだ。また円石藻が死ぬと、硫黄の化合物（硫化ジメチル）が放出される。空中に大量に放出されたこの化合物は、水蒸気を結集させる核となり、それによって雲ができる。雲は太陽光を反射して、熱を地球の外に逃がす。雲がなければ地表の温度は10度も上がってしまうことになる。

円石藻の殻は、十数枚の鱗片がぐるりと張りついたものだ。1つひとつの鱗片は盾のような形をしている。盾には、楕円形をした放射状の模様がある。形は球形ばかりではなく、指輪やサックス、円盤、五角形、板といった1万種にのぼる多彩な形態となる。光合成するのはケイソウと同様、紅藻と合体した種である。一方、捕食性の種は、ねばねばした螺旋状の糸を身体の外に出して、獲物に接触したとき素早く収縮して捕獲する。

円石藻と同じ巨大系統群の中に、石灰質の殻を持たないグループもいる。ここに属するのは、褐色の小さな身体でくるくる回転して泳ぐクリプトモナスだ。池の水などに普通に見られ、「クリプト藻」と呼ばれるグループを形成する。大発生すると、海では赤潮を引き起こし、春や秋の湖沼では「水の華」となる。

海の3つの覇者を紹介した項でメソディニウム・ラブラムという4重入れ子構造の合体生物を見た。この繊毛虫が飲み込んだものがクリプト藻の1種「緑色クリプトモナス」だった。クリプト藻は葉緑体を持っている。そこでその貴重な葉緑体を強奪しようという生物もいる。ディノフィシスという単細胞生物は、メソディニウム・ラブラムを襲ってストローのような管を肉に突き立てる。そこから細胞質を吸い取り自分の身体に葉緑体を取り込んで、光合成に利用するのである。

10 柔らかい糸や鋭い針を出す ―― タイヨウチュウの巨大系統群

いよいよヤマタノオロチの最後、8本目の首である。

「ホシノスナ」は、肉眼で目にすることのできる単細胞生物の殻だ。水族館や博物館の売店などで販売されているので、見たことのある人も多いだろう。小さな星の形をした砂粒のような殻で、1・5ミリの大きさがある。5～6本の棘が突き出していて、きらめく星のような美しい形になる。1つの細胞のままで、身体を極限まで大きくした生物である。沖縄県の西表島には「星砂の浜」があり、これは海底で暮らしていた単細胞生物の死骸が浜辺に打ち寄せられたものだ。

8つめの巨大系統群は「リザリア」と呼ばれ、ホシノスナはこの巨大グループに属する。また、よく知られている生物としては、タイヨウチュウがいる。タイヨウチュウは、球形の中心部から周囲に向けて太陽の絵のように四方八方に糸を出している。湖沼の水草の上などでも見られるが、多くは海洋で浮遊していたり海底に沈んでいたりする。

タイヨウチュウが周囲に放射している糸は、チューブリンのタンパク質でできた「9＋2」構造であって、鞭毛と同じものだ。長く伸ばした糸は獲物を取るための触手である。獲物に触れると瞬時に収縮し、身体の中に引き込む。触手の伸縮によって移動したり浮き沈みしたりもできる。

触手はタイヨウチュウの種によって硬さが異なる。ゆるく湾曲する柔らかな糸を出す種もあれば、骨片が全身から針のように突き出している種もある。硬い棘で覆われた種は、小さなウニあるいはイガグリのようなものだ。硬さを作ってるのはケイソウと同様、ガラス質である。

タイヨウチュウのグループは糸を放散しているように見えるので、「放散虫」と呼ばれる。海洋中心に1000種がいて、形態も多様だ。球形ばかりでなく、塔、指輪、ダイヤモンド、灯台のマークから、釣鐘、傘のようなものまで多彩である。骨格が網のように絡まり合って、籠やハチの巣のようになった種までいる。

放散虫がガラス質を利用するのに対し、同じ巨大系統群の中で石灰質（炭酸カルシウム）を利用して殻を作るグループは、「有孔虫」と呼ばれる。ホシノスナは、こちらのグループに属している。殻には多数の孔が開いており、そこから「有孔虫」という名前がつけられた。この孔から糸状の触手を四方八方に出して、捕食したり移動したりする。

同じ石灰質の殻でも、さきほど出てきた円石藻は一般に1ミリの50分の1程度の大きさしかなくて目に見えない。これに対して有孔虫は、大きいとホシノスナのように1ミリ以上あり、普通のものでも0・4ミリ程度はある。石灰で作る殻には、内部にいくつもの大きな部屋がある。そして殻全体の形としては、二重星のようになったりクローバーのようになったり、さらには花びらやカタツムリ、中にはクモの巣のように硬い針を身体中から突き出しているものもいる。

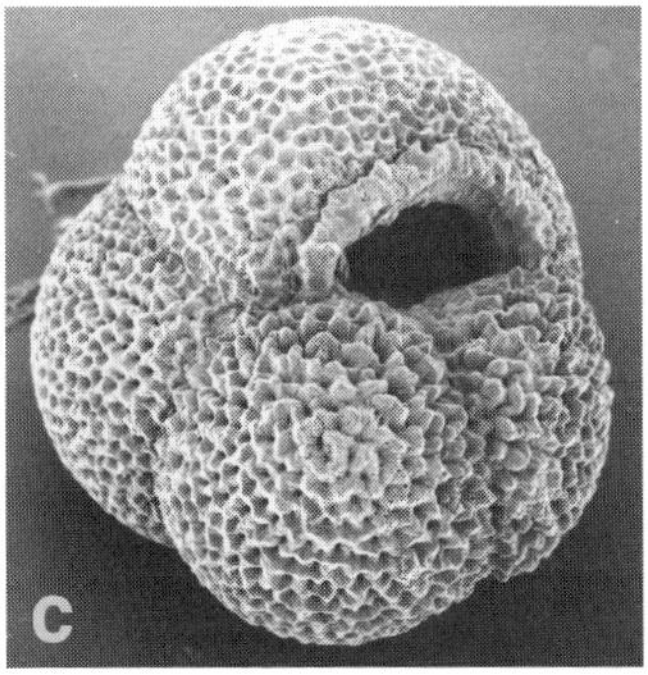

有孔虫（Wikimedia commons）

放散虫も有孔虫も歴史は古くて、化石は既に5億年前の地層から見つかっている。特に有孔虫は種が多く、3万8000もの種が知られている。

地質時代を示す化石として特に有名なのは、フズリナだ。フズリナは直径が5ミリもある巨大な有孔虫である。球形・円盤・紡錘型と形も多様で、古生代末の2億5200万年前に絶滅したので、古生代の示準化石となっている。

マリアナ海溝の深海1万メートルもの深さから採取した泥土の中から、有孔虫の新種が13種発見されたことがある。有孔虫は、殻が大きいだけでなくこのように広範に分布しているので、海中の二酸化炭素を閉じ込める役割も大きくて、サンゴや円石藻に次ぐ地位を占めるに至っている。

11　生物は、合体を繰り返しながら進化した

ここまで何度も出てきた生物同士の合体ということについて、考えてみよう。まず、なぜ生物は合体して協力し合うのかということだ。

たとえばあなたがダンボール箱の重い荷物を両手で抱えて運んでいたとする。そのときそばにもう一人の人がいて、扉の鍵をがちゃがちゃと開け、さっと開いてくれたとしたら、あなたは楽だろう。もう一人の人だって、あなたに荷物を持ってもらうから楽なのだ。生物が共生するときの役割分担とは、こうしたものだ。たとえ同じ能力を持つ者同士であっても、身体の違う部分を使って分担し合え

ば、1個体でいるときよりずっと効率よく仕事ができる。そうした関係が合体や共生を生み出し、生物を進化させていったのだ。

ミドリゾウリムシの身体の中には、クロレラという緑藻が共生している。この2つはまだ完全な合体生物にはなっていなくて、別々の単細胞生物だ。両方とも生物時計を持っているが、時間はクロレラが支配していて、光合成に都合がよいように宿主を遊泳させる。2つを分離してやると、ミドリゾウリムシは場所によっては栄養状態が悪くなり死んでしまう。しかしクロレラの方には何の不都合もない。クロレラは、単独で自由生活に移行することができるのだ。

合体は、近隣に2つの個体がいたことによって生じた相互作用の結果である。単細胞生物の多くは、有機物なら何でも飲み込んで捕食しようとする。その結果、あるときに、捕食した生物は何とか相手を消化してやろうともがき、一方で捕食された生物は、何とか消化されないで生き延びようともがいた。そして2つの生物の能力が、ある地点でうまい具合に均衡して、細胞内で共生が生まれた。

それが1代限りで終わったケースも多かったことだろう。しかし共生したままで2代、3代と続き、ミドリゾウリムシのように寄り添って生きることが習性となったものが出てきた。しかしまだここでも完全な合体生物ではない。やがてそれが有利なために、2つの生物がお互いの都合のよいように遺伝子を変化させ合って、そこで初めて完全な合体生物ができるのである。

ここでは生物たちの合体が先で、遺伝子の変化は後に起こったことだったはずだ。しかしそれは頻繁に起こるわけではない。もしも共生による合体が頻繁に起こったとしても、遺伝子が変化して新しい系統となるのは、様々な試行錯誤の末のほんの一握りのことだっただろう。

合体生物の成立について時系列的に見ると、従来のダーウィニズムが言うように、まず遺伝子の突然変異が偶然に起こって、その後で自然淘汰されて生き残る、というのではない。むしろまず多数の合体生物がいて、その中から遺伝子を有意義な方向に変化させたものが現れ、それが生き残ったということになる。

このようなことが起こる単細胞生物の世界というのは、例外なのだろうか。いや、そんなことはないだろう。植物と動物とカビ・キノコを合わせても8本の系統のうちの2本にしかならない。ところが8本の系統のどの1本でも、共生と合体を起こさなかったという幹はないのだ。時間の長さで見ても、生命が約40億年前に誕生してから約30億年もの長大な期間は、単細胞生物だけの時代だった。生命進化史を1年の長さに縮める喩えで見れば、1年のうち9月ぐらいまでは単細胞生物しかいなかったのだ。

私たちの遠い祖先が何十億年も前に起こしていたことは、長い時間をかけて合体に次ぐ合体を行うことだった。そしてそのたくさんの枝の中から、現在まで生き残る者の始祖が登場してきた。それが、生物の進化の根本のところにある。

単細胞生物だから進化の規則の例外だというのではない。むしろ単細胞生物だからこそ、進化の規則の本質を表していると考えるべきなのだ。生物の行動によって枝分かれが起こり、その後で遺伝子が変化していったという現象は、決して例外で片付けられるものではない。生物の感覚と行動が、進化をもたらしたのだ。

第2章　地球史の半分は細菌・古細菌だけだった

私の亡き父は昭和2年（1927年）の生まれだったが、自分が誕生する以前に父親が亡くなっていた。死因は肺結核だった。既に4人の子供がいたので、母親が女手ひとつで育てるのは困難だろうと親族が集まって協議し、生まれたばかりの赤ん坊は川に流されることになった。しかし母親が「この子は私が何としてでも育てる」と泣いて抗議したため、赤ん坊は命を取り留めたのだと言う。

父は2男3女の5人兄弟の末っ子だった。しかし貧しくて栄養状態の悪い家庭だったので、思春期の頃、姉の2人が肺結核で亡くなった。一人は頭の良い子で、もう一人はおしゃれな子だったと言う。父自身も終戦で帰郷した青年の頃、肺結核を患った。母親は花を作ってリヤカーで売り歩いており、父は自宅で療養しながら花づくりを手伝っていたのだと言う。

父の家族7人のうち実に3人が肺結核で亡くなったわけだが、当時はそういう時代だった。結核は「国民病」とも呼ばれ、昭和9年（1934年）には患者数131万人、死者13万人を数えた。10世帯に一人は患者がいるほど猛威を振るっていたのだ。吐血すると特段の治療法もなくて、体力の衰えとともに死に至る病であった。結核によって亡くなった者の中には、『嵐が丘』のエミリー・ブロンテをはじめ、樋口一葉、中原中也、立原道造など、若くして命を終えた才能も多い。

ストレプトマイシンが開発されると、肺結核に対して劇的な効果を発揮した。そしてやがて肺結核は「死の病」ではなくなった。しかしその後、結核菌は薬剤抵抗性を獲得し、現在に至っても世界では途上国を中心に1000万人もの患者がいる。

結核菌の立場で考えてみると、彼らの集団は樹状分岐しながらかつて日本で大繁栄し、今では途上国を中心になお増殖し続けていることになる。結核菌は肺だけでなく、身体のあちこちの臓器で増殖する。厄介なのは、免疫細胞の中でも増殖を続けることだ。

特効薬となったストレプトマイシンは、放線菌の一種が作る抗生物質である。その放線菌は他の細菌と戦うために毒素を持った。毒素は結核菌だけでなく幅広い細菌を殺傷することができた。生物界の樹状分岐は、しばしばこのような生物同士の相互作用によって刈り込まれる。ここでは、細菌同士が戦うための兵器を人間が利用したわけだ。

微生物から動植物、カビ・キノコまで、多くの生物は身を守ったり攻撃したりするために毒素を作る。私たちの身体の中でも、血液中の補体や免疫細胞が作る抗体は、病原体を攻撃するための毒素である。

しかし結核菌は樹状分岐を続け、その中からストレプトマイシンに対して耐性を獲得したものが出てきた。それが始祖となって再び樹状分岐を続けた。さらに何種類もの抗生物質に対して耐性のある結核菌が出てきて、医療現場を困惑させているのが現状だということになる。

そこで今度は、私たちの視界の倍率をぐっと拡大させて、プランクトンたちよりももっと微小で原始的な細菌・古細菌たちの世界へ行って、樹状分岐を見てみることにしよう。

1　陸・海・空のあらゆる場所に細菌がいる

指先をちょっと見てみよう。そこには常時数十万から、場合によっては数百万という数の細菌が群生している。もちろんそれが肉眼で見えることはない。前章で述べたような真核生物のプランクトンは、じっと目を凝らしてみると、水の中をちらちらと浮遊する小さな点々のようなものとして見えるものがある。しかし原核生物の細菌たちとなると、体積にしてその1千分の1から1万分の1という微小さになってしまうのだ。

小さめの細菌1つが人間の大きさだったとしたら、あなたの身体は、北海道から九州までの日本列島ほど巨大なものになってしまう。しかし、目に見えないほど微細であるにもかかわらず、細菌が私たちと同じようなDNAやタンパク質合成の仕組みを持っているというのは、驚くべきことではないだろうか。

微細だからといって細菌たちを侮ることはできない。細菌たちはどこにでもいるからこそ、絶えざる生命活動を通じて生物圏に莫大な影響を与えている。

ちょっと目を上げて、今度は部屋を見てみよう。部屋の空気は澄んで見えるが、埃などと一緒に1立方メートルあたり数千という細菌が漂っている。窓の外はどうだろうか。家の外の空気にだって、

1立方メートルにつき数百から数千の細菌がいる。私たちは呼吸をするだけで、一日に8万個もの細菌を吸い込んでいる。もちろんほとんどは無害なものだから、心配はいらない。また見慣れぬ外来の細菌が来ると、体表に常在している共生細菌が追い払ってくれる。

庭の土はどうか。1グラムあたり少なくとも数百万の細菌がいるし、肥沃な土になると1グラムに数十億以上の細菌が密集している。砂漠の土にだって1グラムに1万もの細菌がひしめき合っている。

あなたの家の近くに川や湖沼があるとしたら、その水の中には1ミリリットルあたり数千から数百万の細菌がいる。真核生物のプランクトンたちは、これらの細菌を食べて暮らしている。

海はどうだろうか。海洋は面積だけで陸地の2倍以上の広さがあるし、深さは平均で3700メートルだ。水中にはもちろん細菌が漂っているし、深さ1万メートルの深海底の土の中にも、1グラムあたり50万の細菌がいた。このためその生物量は海洋にいる細菌だけでも、なんと動植物を含む陸地のすべての真核生物を合計したよりも大きいと見積もられている。

地下はどうか。現在では地下の細菌が作る生物量は、地上の植物が作る生物量の何倍もあるだろうと見積もられるようになった。地下300メートルのところから、1グラムに数千万の細菌が出てきた。一般に地下深くなるほど細菌の数は減るものの、地下1キロメートルのところからも同じように1グラムに数千万の細菌が出てきたケースもある。深い地底では酸素のない環境となるので、酸素を嫌う細菌たちにとってはむしろ快適なのだ。

地下深くの細菌たちは、呼吸も代謝も極めてゆっくり行えばよいようにできている。地下219メートルから発見された細菌は、大腸菌の10万分の1というスピードで代謝していた。そして、10

00年から1万年に一度分裂すればよいのだった。ずっと眠っているようなものだとしても、なんという長生きの生物なのだろう。

窓越しに爽やかに青く広がる空を見てみよう。空の上にも細菌たちが漂っている。わずか指先ほどの1平方センチメートルの上空には、1万の微生物が浮遊している。上空1万メートルもの成層圏でも、1立方メートルに4000個以上発見された。空中を漂っている多くの細菌は、ゆっくりと100メートルだけ下降するうちに、風に乗って1万キロメートルも移動することができる。これは地球の直径に近い距離だ。こうやって彼らは、地上のあらゆる場所に舞い降りる。

私たちの身体そのものも、細菌たちとの共生体と言うべきものだ。よく知られている腸内細菌は、腸の中で1グラムあたり10億から100億が過密状態で暮らしている。全部合わせると、数百種類の腸内細菌が100兆以上いることになる。彼らは食物を分解したり、腸の細胞を刺激して活性化させたり、さらにはビタミンB群やビタミンKを合成したりして、私たちの健康維持に役立っている。

最近の研究では、腸内細菌が神経系に作用する物質やホルモンの合成にまで関わっていることが分かってきた。腸内細菌が神経系に作用する化学分子を分泌すると、腸の神経細胞がこれを検知し、神経系を経由して脳へ信号を伝える。また、腸内細菌が分泌する化学分子には、直接腸の細胞に取り込まれ、血液に乗って脳まで運ばれるものもある。腸の免疫系に作用するものもある。

これらを通じて私たちは元気になったり不安になったりするし、腸内細菌が食物が足りているという信号を出してくれないと、肥満になったりする。

腸の次に細菌が多く暮らしているのは口の中だ。ごくりと唾液を飲み込んでみよう。唾液の1ミリリットルには、１０００万個の細菌が浮遊している。歯垢の１ミリグラムには、実に2億もの細菌が密集している。口の中だけで１００種類の細菌がいる。

皮膚には1兆にのぼる細菌が棲みついている。体表は、細菌たちにとって山脈あり渓谷あり、湿地あり砂漠ありの地形だが、どこをとっても1平方センチメートルあたり少なくとも数百から数千の細菌がいる。手ともなると1平方センチメートルあたり１００万程度になる。私たちの身体というのは、森林や海洋と同じような、１つの巨大な生態系なのだ。そしてそのときどきに応じて、優勢な種が変化し、それに応じて私たちの生活や気分もまた変化していくのである。

2　酸素や窒素循環のある地球環境は、細菌が作った

細菌たちの生物量は莫大なので、その働きもまた大きい。それが長期間にわたる歴史の間に環境を壮大に変化させて、海・陸・空を作ってきた。

植物の誕生のところで見たように、歴史上最も功績があったのは、光合成細菌たちだった。何しろ地球ができた頃の大気には酸素がなかったのに対し、今、あなたが吸い込んでいる空気の21パーセントは酸素が占めている。

光合成細菌が最初に誕生した時期については、まだ明確となっていない。30億年以上前のことだったという説があるものの、酸素発生型の光合成細菌（シアノバクテリア）の最初の化石は、24億年前

のものだ。

彼らは、現在優勢な形の光合成を発明した。光エネルギーで水（H_2O）を切断して水素を引きはがし、水素の電子を化学エネルギーとして利用する。そのとき水から分離されて、不要となるのが酸素なのだ。

酸素は極めて反応しやすい物質であって、特に反応過程で生じる活性酸素は生体にとって危険である。DNAなど重要な分子を破壊してしまうので、酸素を利用できないものにとっては、死に至る有害な炎だ。これに対して酸素を利用できる生物では、使用可能なエネルギーは10数倍となった。エネルギーが普通に生きるよりも余剰なほど生産できるようになると、それが新しい機能を生み出す。大気の酸素濃度が徐々に上がるにつれて多細胞生物が生まれ、それが素早く動き回るようになり、やがて巨大化して脳を持つようになっていったのだった。

大気に蓄積された酸素は上空にオゾン層を作り、致死的なほどに強烈だった宇宙線・紫外線を遮断した。そのおかげで5億年以上前に既に陸地が生息可能な場所となっており、やがて植物が上陸し、それに続いて節足動物や両生類が陸地に進出していった。このように、海も空も陸も、現在の姿は、光合成細菌の大繁栄によって作られてきたと言って過言ではない。

一方、すべての生物にとって光合成細菌と同じほどに恩がある細菌がいる。窒素固定細菌だ。細胞を構成するタンパク質を作るには、窒素が欠かせない。ところが大気の8割を占める空中窒素は、簡単なことでは生物に取り込めるようにならない。これを可能にしているのが窒素固定細菌なのだ。これができるのは、生物界では一部の細菌・古細菌に限られる。彼らは単独生活しているものもいれば、植物と共生しているものもいる。マメ科植物の根粒にいる窒素固定細菌は、空中窒素の固定に膨大なエネルギーを要するので、植物から糖質をもらっている。

空中窒素を固定するときに働く酵素を「ニトロゲナーゼ」と言う。この酵素は、地球上の全部のものをかき集めても数キログラムしかない。大型ビーカー1杯分程度である。そのビーカー1杯に、私たちすべての運命がかかっていることになるわけだ。

窒素固定細菌が作り出すアンモニアは、多くの植物にとってそのままではまだ利用することができない。アンモニアを別の細菌が亜硝酸に変える。そして亜硝酸をまた別の細菌が硝酸に変える。そして硝酸になったところで、植物は吸収して利用することができるようになる。さらに動物は、植物を食べることによって、ようやく窒素を体内に取り込むことができるのである。

窒素化合物は、動物の排泄物や動植物の死骸として排出される。そして再び何種類もの細菌が手分けして分解し、空中窒素に還していく。このように窒素の循環には、多種類の細菌の協働作業が欠かせない。

細菌たちが炭素・窒素やイオウ、リンなどその他の物質を循環させることを通じて、地球の自然が現在の姿になってきたのである。

3　呼吸や代謝の方法が多種多彩に樹状分岐

生命40億年の歴史を通じて、細菌は地球の隅々にまで進出し、樹状分岐していった。しかし何しろ目に見えない微小な生命体であるせいで、私たち人間に知られているのはほんの一端にすぎない。そもそも、細菌の種数はどの程度の数になるのかということさえ分からない。100万種以上はいるだろうという人もいれば、数千万種にのぼるだろうという人もいる。陸上で既に知られている細菌の種は、せいぜい1パーセント程度と見られるが、海洋となるとその100分の1から1000分の1しか知られていないだろう。深い地下となると、さらに謎だ。

細菌を形態で分類しようとしても、それは困難なことだ。動物や植物のように特徴的で多彩な形態はしていなくて、多くの細菌の形態が似ているからだ。大雑把に言うと、棒のような形をした桿菌、丸まったボール状の球菌、細長くてくるくると巻いた形の螺旋菌、そして中央から糸があちこち放射状に延びる放線菌といった区分ができる程度である。

ところがエネルギーや物質を取り込む代謝法となると、細菌は動物や植物よりも遥かに多彩なのだ。すべての動物や植物は、酸素呼吸をしている。カビ・キノコやアメーバなども同様だ。ほとんどすべての真核生物は、酸素呼吸しかしない。酸素呼吸では有機物を酸素で「酸化」して、その過程でエネルギーを得る。何かを酸化するというのは、物質から電子を奪ってエネルギーを獲得することだ。

酸素呼吸しかしない真核生物と違って、細菌の世界では実に様々な物質を利用してエネルギーを得ている。代謝法が驚くほど多彩なのだ。

もちろん、酸素を使う枯草菌のような細菌もいる。ところが細菌によっては酸化するのに酸素を使わないで、他の様々な物質を使う。有機物を酸化するのに、硝酸塩を使う細菌もいれば、硫酸塩を使う細菌もいる。乳酸菌は有機物を使って酸化するし、クロストリジウムは有機物から気体水素を放出させて酸化する。有機物を他に依存する従属栄養のものたちだけでも、これほど多彩である。

一方、有機物を自分で合成する独立栄養にも多様なものがある。代表選手の光合成細菌が光を使ってエネルギーを引き出す対象は、水である。ところが硫黄細菌が光合成でエネルギーを引き出す対象は、硫化水素だ。ある紅色非硫黄細菌が対象とするのは、二酸化炭素だ。

しかし独立栄養であるにもかかわらず、光を利用せずに無機物からエネルギーを奪うものもいる。これが「化学合成」だ。水の代わりに利用するものは気体水素だったりアンモニアだったり、さらには種によって亜硝酸、硫黄、一酸化炭素、鉄と、目まぐるしいほど多彩である。このため、細菌は有機物や酸素がないところでも、岩石、鉱物やガスを食べて生きることができる。

私たちの指先にも窓の外の空気中にも、そして深海底や地中深くにもいる細菌は、「生命の樹」の根っこのところで最も細かく枝分かれしていった最大の樹状分岐だった。それは、ヤマタノオロチの腹部に当たる領域であり、今日も地球のあらゆる場所で、物質を作り替える活動を続けているのである。

4　細菌は接合もするし光の感知もする

細菌は微少な存在ながら、外界を認識して生き延びていくための感覚を持っている。あらゆる細菌は、自分の栄養となる食物を嗅ぎ分けるための鼻を備えている。鼻といっても1つではなくて、細胞膜の上に匂いの分子を感知するためのアンテナ（受容体）を何千本と立てているのだ。大腸菌は匂いだけでなくて、細かな温度の変化も分かる。細胞膜のアンテナによって、0・02度という非常に小さな温度変化でも区別することができる。

微小な細菌たちの身体が単純かというと、詳細に見れば身体の造りは驚くほど複雑だ。身体を包む膜だけをとってみても、まず細胞膜があってその外にペプチドグリカン細胞壁という膜を持っている。また、その外に種によってはもう1枚、外膜という膜を持っており、さらにその外に莢膜というゼリーのような粘着質の膜を持つこともある。つまり膜だけで4重構造になっているのだ。

細菌の多くは身体のまわりを線毛という短い毛で囲まれている。またそれとは別に、何本もの長い鞭毛を持つものも多い。この鞭毛は、真核生物の「9＋2」構造の鞭毛とは異

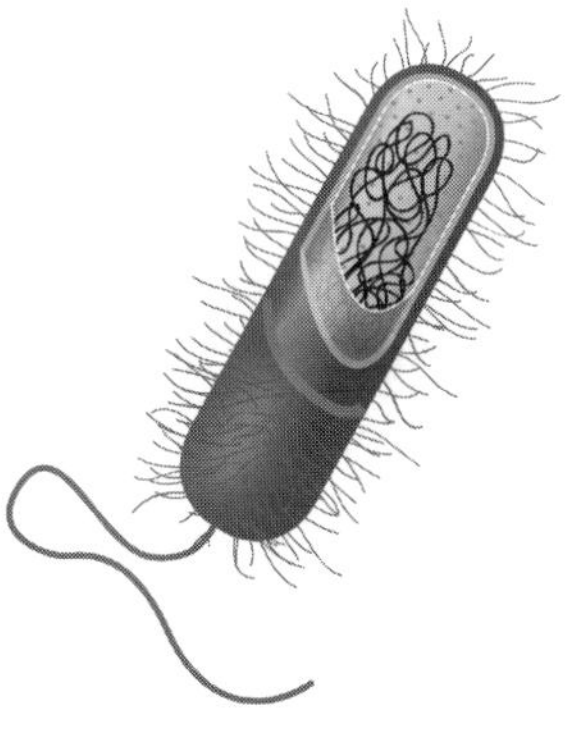

細菌（Wikimedia commons）

なって、フラジェリンというタンパク質でできている。鞭毛の付け根のところに分子のモーターがあって、くるくると超高速で回転する。大腸菌は、この回転を利用して水中を遊泳する。

細菌の身体の中には核がない。しかしDNAが長く連なって環状となっている。DNAの遺伝情報を読み取るのがRNAだということ、それをタンパク質に組み立てるための暗号が64種類だということなど、生物としての基本は私たちと同じだ。

匂い分子が細胞表面のアンテナにくっつくと、細胞内部にあるアンテナの尾が変形して、エネルギーが放出される。その次には細胞内部で、小さな分子がメッセージを伝達する。この分子というのが、粘菌のところで見てきた「キャンプ」(C-AMP)なのだ。キャンプは、大腸菌の体内から粘菌の集合、果ては私たちの鼻に至るまで、メッセージの伝達役として生物界で広範に活躍している。

また稀にではあるものの、他の個体と「接合」することができる細菌がいる。大腸菌が接合をするとき、別の大腸菌を特別な長い毛で捕まえて、細長いくちばしのような管を相手に突き刺す。そして自分の遺伝子の一部を他の個体の中に注ぎ込む。遺伝子を送り込まれた大腸菌の方は、それまで作れなかったタンパク質を合成することができるようになる。長い毛を相手に引っかけたり、管を相手に差し込んだりするのだから、おそらく接触の感覚も分かっているはずだ。

光の信号に敏感な細菌は、なんといっても光合成細菌である。クロロフィルは彼らが光エネルギーを捕獲するために用いている色素物質だ。一方、微生物の中には別のやり方で光を感知するものが現れた。プロテオ細菌など様々な細菌や一部の古細菌は、バクテリオロドプシンというタンパク質を使って光に反応する。そして光に敏感だという性質が転用されて、このタンパク質はやがて動物の眼の網膜で使われているロドプシンに発展していった可能性がある。そうだとすると、植物はクロロフィルを使って光合成を発達させたのに対し、動物はロドプシンを使って眼を発達させたことになる。どちらも細菌の時代に、その原型があったものと考えられるのだ。

5 協力し合って集団で狩りをする細菌

細菌たちの繁栄するところは、川底の石の表面でも排水管の内側でも、ぬるぬるねばねばした状態になる。これは細菌の群落が作るマットである。細菌は粘着性の物質を身体のまわりに分泌して、強烈な紫外線やぶつかってくる分子から身を守る。そして身体にびっしりと生えている短い線毛で、お互いが手をつなぐ。

こうしてできるマットには、多くの種類の異なった細菌たちがひしめき合っている。マットの上層にいるのは、酸素を好む細菌だ。たとえば光合成細菌がいると、マットは青緑色になる。中層にいるのは、暗い光の好きな硫黄細菌などだ。そして下層にいるのは、酸素の嫌いな窒素固定細菌などだ。マットの中では物質が次々と手渡されて代謝され、循環する。マットは複雑な生物群落なのだ。

細菌の世界はおおむね30前後のグループ（門）に分類されることが多い。細菌たちの樹状分岐の様子を知るために、比較的どこにでもいるいくつかの主なグループだけを瞥見しておこう。

まず代表的なのが「放線菌」のグループだ。このグループには私たちの腸内にいるビフィズス菌などが含まれる一方で、結核菌・ジフテリア菌・らい菌などの恐ろしい病原菌もいる。またこれとは別の「プロテオ細菌」のグループを見ると、代表的な腸内細菌である大腸菌などがいる。植物の根と共生する根粒菌や食中毒を起こすサルモネラ菌、病原性の強いチフス菌も、このグループだ。

次に「ファーミキューテス」というグループを見ると、乳酸菌などの腸内細菌がいる。このグループの枯草菌は納豆を作るし、炭疽菌は生物兵器に使われることもある病原菌だ。それぞれのグループの中で、共生菌になったり病原菌になったりして枝分かれしていることが分かる。

そしてさらに「バクテロイデス」というグループも、私たちの腸内で多く見られる細菌たちだ。以上4つのグループだけで、腸内細菌のほとんどを占めている。細菌に30ものグループがあると言っても、私たち自身、共生するものたちを長い歴史の中で選別してきたわけだ。ほかに代表的なグループとしては、光合成細菌の属する「藍色細菌」、梅毒菌が属する「スピロヘータ」などもある。

細菌たちは病原性のあるものもないものも、群れを作る。1個体だけでは何もできなくて、攻撃されると死んでしまうからだ。細菌たちはコミュニケーションするときに、「定足数感知」(クオラムセンシング)という方法を用いる。ぬるぬるのマットを作るにせよ、毒素を作って病原菌として宿主に感染するにせよ、わずかばかりの個体数の群れでは全滅してしまう。そこで最初は誘導分子という特殊な物質を作って、身体のまわりに分泌する。それを受け取ったまわりの細菌は、こちらも誘導分子を作って分泌する。誘導分子が加速度的に増えて一定の定足数にまで達すると、そこで初めてマットや毒素を作るための遺伝子が読み取られる。それによって細菌の集団は、力を合わせて同じ仕事ができるのだ。

米国カリフォルニア大学サンディエゴ校のクレマーらが2019年に報告したところによると、大腸菌の群れはそれぞれの身体から誘導分子を出しており、その濃度の勾配によって群れの移動する方向を決めることができる。また、群れの移動速度や成長速度を上げることさえもできるのだと言う。

さらに細菌たちといえども仲間同士で意思疎通して、社会すら作ることがある。ある種の光合成細菌は、長く連なって1メートルにも及ぶ群体になる。その群体の中では、空中窒素を固定する専門職の細胞が現れる。その細胞は、通常の光合成をしない。窒素化合物を与える代わりに、仲間から糖質を譲ってもらう。また、条件が悪くなったときには、群れの中から休眠の専門職が現れる。

細菌のままで最も高度な社会を作り上げたのは、ミクソコッカスだろう。ミクソコックスは大腸菌などと同じグループに属し、動植物の死骸、フン、腐植土などに生息する捕食性の細菌だ。

ミクソコックスの群体は、集団で狩りをする。彼らは食物である細菌群のいる方向を匂いで感知すると、粘液を分泌してすべすべしたシートを作り、その上を滑走する。集団の個体数は数十万に及び、個々ばらばらでいるときよりも迅速に移動できる。獲物である細菌群にたどり着くと、集団で毒素を吹きつけて殺す。そして一斉に食事にありつくのだ。

食料が枯渇すると、今度は集合して子実体という盛り上がった塚を作る。その形は、まるで古墳の丸い墳墓のようだ。その塚の奥にいるごく限られたものたちは、次の世代に命をつなぐための柔らかな胞子となる。胞子のまわりをがっちりと固めている9割以上のものたちは、胞子を守って死んでいく。そして再び条件が良くなると、胞子は外界に放出され、新しい世代となっていくのだ。

まるで多細胞生物のようではないか。また、真核の単細胞生物で見た粘菌タマホコリカビの生活にも似ている。しかしミクソコックスは、真核の細胞よりも1000分の1も微小な細菌なのだ。

そうした世界で既に高度な社会が形成されているのは驚くべきことだが、これも樹状分岐の果てで成し遂げられた成果だと言える。こうした細菌たちの協調し合う相互作用の姿は、真核生物や私たちの身体の細胞、さらには脳神経系の細胞たちの共同社会にも類似の原理が働いている可能性を感じさせる。

6　環境が快適だと競争が起こり、厳しいと協調が起こる

ここまで単細胞の生物たちがいかに協力し合って暮らしているかを見てきた。しかし協調・協力こそが進化の原動力なのだと言うと、違和感を感じる人もいるかもしれない。生物の進化というとダーウィンが示したように、熾烈な生存競争と自然淘汰によってもたらされたものではなかったのか。しかし一方で、単細胞生物たちが合体していった歴史にせよ、群れを作って協力し合う姿にせよ、協調・協力というものが厳然として存在する事実もまた見逃すことはできない。

これについて私は、次のように考えている。自然界のすべてのものは常に何らかの力によって相互作用しており、その力というのは「求心力」と「遠心力」だ。自然界の最も基礎にある素粒子のレベルでも、引きつけ合ったり反発し合ったりしている。生物たちの相互作用はずっと複雑だが、やはり求心力が働くところでは協調・協力し合い、遠心力が働くところでは競争・闘争し合うと考えるべき

ではないだろうか。

生物は無機物の環境に取り囲まれた1個体だけでは、力尽きて死滅してしまう。あらゆる生物は、群体としてでなければ生き残れない。生物体が荒々しい外界の変化に適応し影響力を行使するためには、1つだけで孤立していたのではだめだ。多数の生物体が協力し合って、環境を改変し形成しなければならない。

生物は生存にとって条件が良くて都合の良い場所で密集し合うと、互いに競合することとなり、競争せざるをえない。それが一見、生物同士の戦いであるように見える。しかし生存にとって条件の悪い栄養の少ない場所や厳しい環境の下では、協力し合う。こういった場所では、生物同士の戦いではなくて、生物と周辺環境との戦いになるからだ。生物たちは役割分担し、協力し合って厳しい環境を乗り切り、そして可能であれば環境を改変しようとする。

つまり快適な環境下では競争が起こり、厳しい環境下では協調が起こる。しかし思えば原初の地球であれ、生命が生息域を拡大していったプロセスであれ、絶えず厳しい環境にさらされていたことは間違いない。その中で協調・協力し役割分担をし合えるものだけが生き残ってきた。このため、細菌・古細菌や真核の単細胞生物の世界では、これほどに共生や合体の事例が多いのではないだろうか。

最初から敵対し合って競争していたのでは、厳しい環境下で共倒れになるだけだ。ここではむしろ遠心力よりも求心力が必要だった。そうした後に快適な環境が訪れて密集し合ったとき、遠心力が働くようになって、そこで生物同士の競争が生じたと考える方が、真実に近いのではないだろうか。

7　共生細菌が動物や植物を操っている

光の全く射さない暗黒の深海底、2000メートル以上もの深さのところに、地底のマグマが地表深くまで吹き出して、もうもうと黒い煙のような熱水を噴出しているところがある。熱水噴出孔だ。その周辺には、ミミズのようなたくさんの生物がゆらゆらと立ち上がって林のように群生している。環形動物の「ハオリムシ」(チューブワーム)である。長いものでは、体長が2メートル・太さ4センチメートルにもなる。ハオリムシには口も消化管もない。このような暗黒の深海底でいったいどうやって暮らしているのかというと、チューブのようになった体腔の中に、大量の細菌が棲んでいる。硫黄酸化細菌であり、熱水噴出孔から出される硫化水素を利用して化学合成し、栄養の余りをハオリムシに与えているのである。ハオリムシの重量の2分の1以上は、この細菌が占めている。

ゾウリムシのような単細胞生物であっても、体内に多くの細菌が共生している。利益にも害にもならず、ただその場所に間借りしているだけのものも多い。細菌によっては、ゾウリムシの核の中にさえいる。有機物のあるところ、どこにでも細菌がいて、生物の内部などというのは絶好の住みかなのだ。

このようにあらゆる場所に存在する細菌たちは、他の生物たちと様々な相互作用を営みながら暮らしている。動物の腸内ともなると、細菌たちにとっては栄養の宝庫だ。たとえばミミズの腸内にも多数の細菌がいる。彼らはミミズが飲み込む大量の土から有機物を分解する。ミミズは土に含まれる有機物を食べているだけではなくて、腸の中で増殖した細菌の身体を食べて栄養にしているのだ。

昆虫の腹部には大量の細菌がいて、カビや真核の単細胞生物を含めると体重の実に30〜50パーセントを占める。シロアリの後腸では植物の繊維を分解する細菌が活躍しているだけでなく、空中窒素を固定する細菌もいる。このためシロアリは、これらの要素を合成して、自分でタンパク質を作ることができる。

腸の中というのは、あくまでも身体の外側だ。ところがゴキブリやアリマキでは、共生細菌の取り込み方がもっと徹底している。彼らは「菌細胞」という特殊な巨大化した細胞を作って、その中に共生細菌たちを溜め込んでいる。身体の内部に細菌を棲ませるわけだ。

共生細菌を次世代に引き渡すことについても周到だ。ゴキブリは産卵の直前に菌細胞から細菌を放出して、卵の中に入れておく。またカメムシの母は、卵の表面に細菌の入ったフンをつけておき、生まれてきた幼虫は母のフンを食べる。マルカメムシは、卵のそばに細菌の詰まったカプセルを置いておき、幼虫はカプセルの中身を吸って食べる。

細菌が昆虫をかなりの程度操っていることも分かってきた。ショウジョウバエは、腸内の乳酸菌の刺激によって神経細胞から活性化物質（オクトパミン）を放出する。この物質というのは、私たちの脳でどきどきする興奮を引き起こすノルアドレナリンと同じような作用をもたらすものだ。

また昆虫に寄生するウォルバキアという細菌は、メスに感染すると生かしておいて、卵細胞の中に入り込み増殖する。ところがオスに寄生すると、その個体を殺してしまう。小さな精子には入り込むことができないため、ウォルバキアにとってオスは不要なのだ。

ウシは草を食べているのではない。ウシが実際に食べているのは、草を栄養として消化管内で増殖した微生物の身体なのだ。これと同様にパンダが竹、コアラがユーカリの葉を食べるのも、それぞれ特別な細菌群と共生しているからだ。

私たちの腸内細菌は１００兆個以上に及ぶので、それが持っている遺伝子の数は私たち自身が持っている遺伝子の何十倍にもなる。このため私たちは、自分自身で作ることのできないタンパク質であっても、細菌たちの助けを借りて作ることができる。

母乳の中には乳酸菌がいる。そのおかげで乳幼児は、乳糖を消化することができる。乳酸菌は通常腸内にいて、体内には入らない。しかし必要な時期になると、母の免疫細胞が乳酸菌を掴んで体内に引き込む。そして血液に乗って身体の中をぐるりとめぐり、乳房組織にまで乳酸菌を運ぶのだ。この結果、母乳を吸った乳幼児の腸内では、乳酸菌の割合が著しく高くなっている。

植物はどうだろうか。植物の根は、多数の細菌と共生している。根の周囲というのは、私たちの腸内と同様に細菌の密集した場所だ。マメ科の根は、根粒細菌をおびき寄せるための物質を分泌する。根の細胞の立場で言えば、自分を攻撃してくる病原菌は退治しなければならないし、自分と共生する細菌はおびき寄せなければならない。根の細胞には、細菌たちを見分けるための何らかの機構があるのだろう。そして最近の研究では、葉でも細菌の種類が多いほど、植物群落が光合成をする能力は高くなるということが分かってきた。

細菌たちはいったいどれほど多くの生物と絡まり合っているのだろう。おそらくほぼすべての生物と、何らかの関係があることだろう。求心力と遠心力。それは細菌と他の生物たちの間にもある。生物たちは、細菌に攻撃されたり細菌と共生したりしながら樹状分岐を起こしてきた。そして細菌たちの方も、宿主となる生物と相互作用しながら樹状分岐し、現在の姿になってきたのである。

8　摂氏350度の灼熱地獄に古細菌がいた

細菌を離れて、今度は古細菌の世界にいってみよう。

古細菌は、私たちの想像を絶するような極限環境に住む生物たちとして知られている。水も沸騰するような高熱の環境にいるのは、超好熱菌たちだ。地球の奥のマグマが地表に顔を出してきて水と接触するようなところ、つまり硫黄温泉とか海底火山、あるいは海底の熱水噴出孔の周辺などは、煮えたぎる高温となる。摂氏80度を超える熱い温泉には、メタンを合成する古細菌がいる。また、海底では膨大な水圧がかかるので、水の沸点は摂氏100度より高くなる。海底2650メートル、265気圧ある熱水噴出孔からは摂氏350度もの灼熱の熱水が噴き出しており、ここにも古細菌がいた。

細菌と古細菌は、全く別の巨大グループだ。大きさや形態は似ているように見えるものの、持っている分子を解析してみると著しくかけ離れている。両方とも原核生物ながら、全く別の領域の生物だったのだ。今では細菌は「バクテリア」、古細菌は「アーキア」と言って名前も別にされている。

ヤマタノオロチの喩えで言えば、古細菌は胸の部分、細菌は腹の部分に当たる。なぜ古細菌が胸部

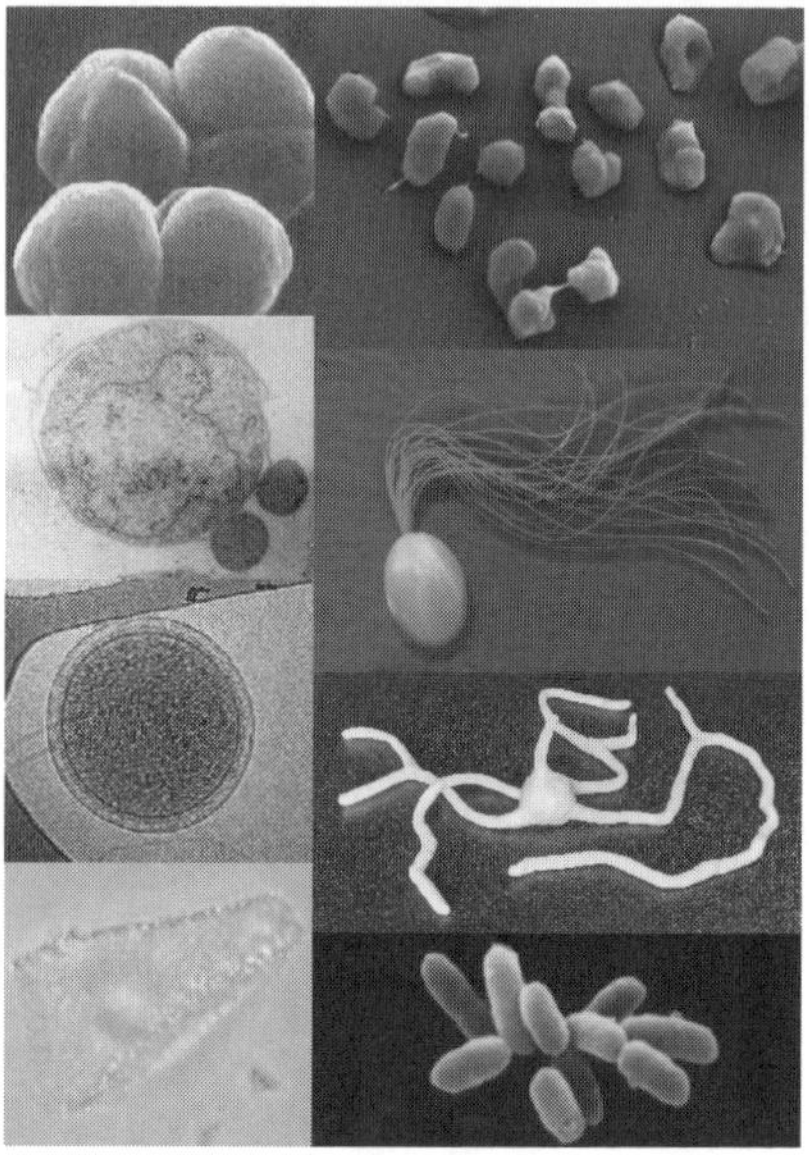

古細菌（Wikimedia commons）

なのかというと、頭部に当たる私たち真核生物は、古細菌のグループから出てきた幹だからだ。

古細菌を独立した「超生物界」として位置づけたのは、カール・ウーズの功績だった。彼は既に１９７７年に「古細菌界」という分類群を提案していたが、１９９０年に至って生物界を細菌・古細菌・真核生物という３つの「超生物界」（ドメイン）に区分すべきだと提案した。現在はこの考え方が主流となっている。

古細菌たちは、極限的な環境から発見されたものが多い。高熱の環境だけでなくて極めて高い塩分を好むものもいる。塩分が30パーセント程度もある死海にも彼らは棲んでおり、ここでは通常の生物は浸透圧が調節できなくて生きていけない。死海に観光旅行に行った私の友人は、浮き輪などないのに自分の身体が水面にぷかぷか浮いている写真を見せてくれた。しかし彼も、ずっと浮かんだままでいたら、そのうち息絶えたことだろう。

塩田を真っ赤に染めるのは、ハロバクテリウム族の古細菌たちだ。彼らは、塩分30パーセントという飽和水溶液の中でも生きられる。強酸性の環境を好む古細菌もいる。ＰＨがマイナス０・０６という場所でも増殖できるものがおり、これは他の生物なら溶けてしまう硫酸の中で暮らしているようなものだ。熱湯の湧き出す温泉や硫気孔といった高熱の環境には、硫黄を利用できる好酸好熱菌がいる。逆にPH12という強度のアルカリ溶液の中で生きる古細菌もいる。真っ黒なアスファルトの湖やべとべとの石油の中にさえ、古細菌がいる。

高熱・高塩分・高酸性など極限の環境には、古細菌ばかりではなく細菌もいる。しかし古細菌は、細菌よりもっと極端な環境で生きられるのだ。原始の地球は超高熱・無酸素の環境で、現在よりも窒素や二酸化炭素が多かったと考えられている。古細菌という名称がつけられたのは、彼らが極限環境にいることから、細菌よりも古く原始的な環境で登場したのではないかと考えられたためだった。しかし現在では、両者の歴史は同じ程度に古いことが分かっている。

それでは古細菌たちは地球の片隅に追いやられて、極端な極限環境に生きることを選択せざるをえなかった生物たちなのだろうか。実はそうではないことが分かってきた。通常の環境から、大量の古細菌が発見されるようになったのだ。

酸素のない環境ならどこにでもいる古細菌は、メタン菌たちだ。これは以前からよく知られた存在だった。沼や水田の土の中からぽこぽこと吹き出している泡は、彼らが作ったメタンである。彼らは海や湖、森の土壌などにもいるし、ウシの胃やシロアリ・ゴキブリの腸にもいる。ヒトの腸の中にだっていて、迷惑なガスを放出してくれる。

しかしそれだけではない。通常の海水や海底からも、多様な古細菌が大量に発見されるようになってきた。これによって、今では一般的な海洋の微生物のうち20パーセントは古細菌が占めているものと考えられるようになった。これらを総合すると、最大で地上の生物量の2割に及ぶという推計もある。

古細菌たちの実態は、まだ解明されていないところが多い。しかし通常の環境の中にも大量に存在するのだとすると、環境を形成し改変するにも役割を果たしているはずだ。細菌たちと同じように、古細菌もまた種によって多様な代謝の方法を持っており、炭素・窒素・硫黄などの循環に関与する。特にメタン菌は、メタンを合成する唯一の生物だ。その発生するメタンの温室効果は、二酸化炭素の21倍にものぼる。それは迷惑なばかりではない。もしも温室効果が全くなかったとしたら、地球の気温は摂氏マイナス18度という超低温になってしまうのだ。私たちがぬくぬくと暮らしていけるのも、メタン菌のおかげというわけだ。

9 私たちは神々の楽園アスガルドから出てきた

古細菌たちは、細菌よりももっと極端な環境に適応できるのだから、身体の造りも細菌とは異なったものであるに違いない。そもそも何をもって、細菌と古細菌が別系統の巨大グループだと分類されているのだろうか。

細菌と古細菌が区分された最初の契機は、小器官「リボソーム」にあるRNAの分子解析を通してだった。リボソームというのは、タンパク質を合成するための製造所であり、すべての生物が持っている。この小器官は、タンパク質とRNAから構成されている。カール・ウーズは、そこにあるRNAの1つを取り出し、生物の系統が相互に近いか遠いかということを判定したのだった。

また、細菌と古細菌の違いが際立っているのは、細胞膜の構造である。細胞膜はすべての生物で脂質の二重層となっており、「グリセロール」が基材となっている。細菌や私たち真核生物の細胞膜では、その基材に脂肪酸が結合していて、「エステル型脂質」と呼ばれる。ところが古細菌では、基材に結合しているのはイソプレノイドという有機物で、こちらは「エーテル型脂質」と呼ばれる。

古細菌が極限環境に耐えられる秘密の1つに、おそらく他の生物にはないこの特別な細胞膜を持っていることがあるのだろう。古細菌の細胞膜は密で硬く、熱に強い。しかし必ずしもエーテル型脂質の方が強固というわけでもなくて、極限環境に耐えられる理由は分かっていない。

ほかにも細菌と古細菌を区別する特徴は多い。細胞を保護する細胞壁も、細菌と古細菌では全く別物であり、古細菌の細胞壁は、熱に対して強い。細菌の細胞壁の合成を阻害する抗生物質は、古細菌の細胞壁に対しては何の効果もない。

DNA・RNAやタンパク質の合成プロセスを見ると、さらに特徴的なことが分かる。古細菌は私たち真核生物と極めてよく似た分子を多数持っているのだ。たとえばDNAの長い螺旋鎖が巻きついているヒストンというタンパク質だ。これは細菌にはないが、古細菌には似たものがある。DNAやRNAを合成するときの酵素も、古細菌は真核生物と似たものを持っている。ほかにもRNAがDNAから情報を転写するのに必要な配列、その転写を開始する機構、タンパク質を組み立てる際のスタートのアミノ酸まで、古細菌と真核生物で類似のものが多数ある。これらの分子から見て、古細菌が真核生物の祖先に違いないと考えられるようになったのだった。

古細菌の系統樹は根元近くで2つに分かれ、その一方がさらに大きく2つに分かれた。そのうち「ユーリ古細菌」と呼ばれる一群は、メタン菌を含む大きなグループを構成している。そして分かれたもう一方のグループの方が、私たち真核生物の祖先と近縁だ。たとえば「タウム古細菌」の系統は、細胞膜を曲げたり折り畳んだりする装置を持っている。真核細胞の中は膜が迷路のように折り畳まれており、この装置が欠かせない。タンパク質を折り畳んだり、古いタンパク質を破壊したりするシステムも共通している。

さらにそれと近縁の古細菌からは、細胞内の繊維を作るアクチンやチューブリンといったタンパク質も発見された。これらのタンパク質は、アメーバの仮足、ゾウリムシの繊毛、植物の原形質流動から私たちの筋肉に至るまで、真核生物の運動の際に働いているものだ。これらで作った繊維は細胞内部に張り巡らされ、真核細胞はその仕組みを使って形を変える。2010年に発見された「ロキ古細菌」はその繊維を作るアクチン分子の構造が、ヒトのものと58〜60パーセントも共通していた。

ロキ古細菌は、北極海のガッケル海嶺ロキの城という熱水噴出孔から採取された。このロキという名前にちなんで、近縁のグループに北欧神話の神々の名前がつけられるようになった。ヘイムダル、オーディン、トールなど神々の名前が与えられている。そしてこの系統を総称して、「アスガルド」というグループ名がつけられた。アスガルドは、北欧神話の神々が住まう楽園の名前だ。私たち真核生物は、神々の楽園アスガルドから誕生してきたというわけだ。

2020年、海洋研究開発機構の井町寛之と産業技術総合研究所の延優が発表したロキ古細菌の1

種は、紀伊半島沖合の水深2533メートルにあった泥から採取したものだった。彼らは12年の歳月をかけて、この古細菌の培養に成功した。

アスガルドのグループに属するこの古細菌は、増殖速度が遅く、2倍に増殖するのに14日から25日かかる。酸素のない環境に棲む小型の古細菌であって、増殖を維持するのに共生微生物を必要とする。特徴的なのは、長い腕のような分岐した突起を持っていたことだった。そしてアクチンやユビキチンといった真核生物特有のタンパク質を作る遺伝子を多数持っていた。

アスガルドの生きた古細菌を捉えてゲノムの解析をすることができるようになったのは、これが初めてのことだった。この成功によって古細菌の持つ分子が確認され、古細菌こそ真核生物の祖先に当たるということがほぼ証明された。

北極海にある神々の楽園から始まった真核生物の祖先を探求する旅は、紀伊半島沖の深海で、終点を迎えたのかもしれない。

10　枝と枝が合体して真核生物の幹ができた

古細菌が持っている分子が詳しく解析されるにつれて、生物界の樹状分岐が新しい姿として描かれるようになってきた。

太陽系の中で地球ができたのは、46億年前頃のこととされる。膨大な数の小惑星の激突や、超高温のマグマの海といった騒乱状態を経て、やがて果てしもない豪雨が続き、地球に穏やかな海が形成されたのは、44~43億年前のことだった。そして生命が、地上に誕生する。

生物界全体にとっての最初の共通祖先（Last Universal Common Ancestor, 略してＬＵＣＡと呼ばれる）が地球に誕生したのは、40年億前頃だったものと考えられる。東京大学の小宮剛らは２０１７年、カナダのラブラドルにある堆積岩から、39億５０００万年以上前の生物起源の有機炭素を発見したと発表した。

生命が誕生した場所がどこだったのかについては、まだ定説がない。候補としては、海底の熱水噴出孔だという説が有力であるものの、干潟、あるいは陸上の温泉、大気の雲の中など諸説が入り乱れている。最初の生物は火星で誕生して、隕石とともに降ってきたのではないかとか、まだ細胞膜がなかったのではないか、といった刺激的な考え方もある。

ともかくも最初の共通祖先が誕生した。この生物は既に①核酸による遺伝情報、②タンパク質を合成するための暗号、③ＡＴＰのエネルギー電池、④使っているのは左巻きのアミノ酸、といった特徴を備えていたものと考えられる。

そして最初の共通祖先は、数億年のうちに細菌と古細菌に分かれていった。35億年前のオーストラリアなどの岩石からは、古細菌の一種メタン菌が作った炭素同位体が発見された。一方細菌の方も、34億年前の岩石から、硫黄を代謝に用いる種の化石が発見されている。

メタン菌をはじめとする古細菌は、太古の地球で優勢だっただろう。しかし次第に酸素を吐き出す光合成細菌が繁殖する。光合成細菌たちは、24億年前頃から異常繁殖とも言える大繁栄を遂げて、地球の海と大気を作り変えてしまった。このとき古細菌たちの多くは、酸素のない環境に逃げ込んだ。

その前後にも細菌と古細菌は樹状分岐を続けた。細菌の分岐していった枝の先で、酸素を利用するαプロテオ細菌が現れた。一方で古細菌の方も枝分かれして、身体を変形したり触手でものを掴んで身体の中に取り込んだりするものが現れた。これが私たちの祖先、アスガルドの古細菌である。

真核生物が登場するための舞台装置は整った。20億年前頃のあるときのこと、遂にアスガルドの古細菌の一種が、αプロテオ細菌を飲み込んだ。こうして最初の真核生物が誕生したのだ。

それでは私たち真核生物は、古細菌のグループから出てきた一系統にすぎないのだろうか。その答えは、そうだとも言えるし、そうではないとも言える。古細菌と細菌の合体生物をどう見るかにかかっているからだ。

古細菌の枝と細菌の枝がたった一度だけどこかで融合して、そこから新しい幹が生じた。それを平面的に網の目のようなものとだと観念してしまうと、訳が分からなくなる。むしろ古細菌・細菌といった原核生物と私たち真核生物とでは、階層が違うのだと理解すれば分かりやすい。

古細菌・細菌が地面いっぱいに広がる根のように樹状分岐しているところを想像してみよう。その一か所で接点ができて、そこから空間に向かって芽を出し、それが幹となり、成長して新しい樹状分岐を広げていった。イメージとして言えば、原核生物たちは野原の地面であり、そして真核生物は野原に立つ1本の大きな樹のようなものだ。階層の違いというのは、例えて言えばこのようなものだ。

その木の幹が再び空中で広がって、さらに新しい階層を生み出していく。そこではヤマタノオロチの8つの首、すなわち走り回る動物だけでなく、うねうねと這うアメーバや、大地に根をおろした植物や、手をどこまでも伸ばしていくカビ・キノコといった多様な真核生物が枝分かれしていくことになるのである。

第3章 エディアカラの園で動物が爆発した

フジツボという奇妙な動物をご存知の方は多いと思う。磯浜に行くと、岩にびっしり灰白色の貝殻のようなものが付着している。私は11〜13歳の頃、このフジツボを自宅の机に乗せた水槽で飼っていた。

貝殻のようだと言っても、フジツボは貝類などの軟体動物ではない。むしろエビ・カニなど節足動物の仲間なのだ。エビが殻の底で仰向けになって寝ていると思えばよい。殻の上部は2枚の板で覆われていて、開閉ができる。その殻から脚を出して水流を作り、プランクトンを食べる。この脚に特有の節があるので、節足動物の仲間だということが分かる。水槽の中のフジツボたちは、白い繊細な脚を殻から出したり入れたりしながら、毎日元気に暮らしていた。

私は10歳の頃から人間とは全く異なった形状を持っている貝類やクラゲ・ヒトデといった動物の不思議さに魅せられるようになっていた。その中でもとりわけ変わり者だと思われたのが、フジツボだった。エビ・カニや昆虫の仲間であるにもかかわらず、堅牢な石灰の城を作って偏屈にもそこに閉じこもっている。岩に固着しているので、二枚貝や巻貝のように移動することもできない。それにもかかわらずこの生き方は効を奏しているらしくて、磯浜中に繁栄している。船を持っている大人は、「船底にフジツボがびっしりついてしまって困っている」と言っていた。そういう話を聞くと、私は内心嬉しくなったものだ。

ある晩私が机で勉強していると、フジツボの殻が開き、そこからにょろにょろと透明な太い鞭のようなものが出てきた。鞭のようなものはしなやかに水中を伸びていき、フジツボの体長の何倍もある。そしてまるで1つの生き物であるかのように他の個体を探っていた。私は驚愕した。それは、フジツボの交接器だった。フジツボたちは雌雄同体で、すべての個体が長い交接器を持っているのだ。

交接器は、鋭く尖った鞭の先端から白いものを浸み出させて、他の個体の殻の入り口に振りかけた。フジツボの受精だった。その様子は淫靡な妖しさを感じさせ、私は卓上の蛍光灯が照らす夜闇の中で、息を殺してその様子を見つめていた。

しばらく経ったある日の昼のこと、フジツボたちは殻の入り口を開いて、白い煙のようなものを噴き出した。目を凝らしてみると、煙のようなものは小さな粒々の集まりだ。1つひとつの粒が光の射す方向に集まって、ちらちらと動いている。フジツボたちの幼生ノープリウスだった。フジツボは受精卵を殻の中で孵化させ、幼生にしてから吐き出すのだ。

私はさっそくこの粒々をスポイトで採取して、顕微鏡で見てみた。ノープリウスというのは、ギリシャ語で「小さな帆船」という意味なのだと言う。生まれたばかりのノープリウスは、透き通ってきらめいていて、まるで生きているダイヤモンドのようだ。しかもその身体はぴんぴんと跳ねていて、この世のものとも思えないほどに美しい。小さな帆船たちは、たくさんの細い脚を身体の外に長いオールのように突き出していて、懸命に水を掻いて泳いでいた。

世界にはこのように異なった存在形式が許されている。しかもそれは想像もできないほどに、精妙で美しい。跳ね回るノープリウスの姿は、私にとって自然が垣間見せてくれた神秘の瞬間だった。

フジツボたちが不思議だというばかりではない。あらゆる生物は、何億年もかけて樹状分岐を繰り返した末に、それぞれが現在の独自の姿を獲得したものなのだ。やがて私が理解したのは、目を凝らして見るとどんな生物であっても例外なく、驚嘆するほど精妙に作られた存在なのだということだった。

1　ふわふわゆらゆらしたエディアカラ動物たち

現在生きている動物たちは、不定形のカイメン以外のすべてが、身体の真ん中に鏡を立てれば映った映像で反対側の姿を再現するようになっている。これを「鏡映対称」と言う。左右対称動物であれば、前後の軸に沿って鏡を立てればよい。私たちの身体も、右と左で鏡像になっている。クラゲは左右対称ではなくて放射型の身体をしているし、ヒトデは5方向に向かって放射した形の身体だ。しかしこれらの動物も、ちょうど真ん中の線上に鏡を立てれば姿が再現する。

ところが6億3500万年前から始まる原生代エディアカラ紀には、定型であるにもかかわらず、鏡映対称ではない動物が多数存在していた。いったいなぜそのようなことが起こったのだろうか。

動物の多様化に関して広く知られているのは、「カンブリア爆発」だろう。古生代カンブリア紀（5億4100万年前～）に、骨や殻など硬い組織を持つ多様な動物たちが突如として登場してきた。「カンブリア爆発」というイメージを広めるに当たっては、20世紀後半にスティーヴン・ジェイ・グールドが「動物たちは5億年前に突如として進化・多様化を遂げた」と主張したことが大きな影響を与えた。しかしその後の研究によって、このイメージはかなり修正されてきている。動物はカンブリア爆発に先立つ長い期間にわたって進化し、多様化していたという証拠が発見されてきたのだ。

現在ではむしろカンブリア紀よりも数千万年前、原生代末期のエディアカラ動物たちが、多様化するための試行錯誤を繰り返していたことが分かっている。カンブリア爆発より前に、「エディアカラ爆発」があったのだ。

エディアカラ動物という名称は、1946年に化石が発見されたオーストラリア南部にあるエディアカラ丘陵からつけられた。ここでは、くすんだような灌木がところどころにしか生えていない茶褐色の大地が広がる中に、ごつごつした岩が重なり合っている。赤褐色の丘陵に、斜めに傾いた地層の重なりが見える。乾燥した赤茶色の大地が広がるこの地帯は、6億年前には浅くて暖かな海の広がる入江だった。ここからは、何千にものぼる化石が出てくる。

その後の発掘によってエディアカラ動物の化石が出てくる場所は、オーストラリアだけでなくカナダ、ロシア、イギリスをはじめ世界30か所にのぼった。化石の種類も、70～100種類にもなる。このことは、6億年前の気候が世界的に比較的均等で穏やかで、浅い海があちこちに広がっていたことを示している。

エディアカラ動物たちは、平べったい葉っぱのような形状をしたものが多い。小さな布を集めて作ったキルトの生地のような模様をしており、葉っぱのような形態のほか、円盤やクラゲのようであったり、ドームのようであったりして、それなりに多彩だ。現生の動物群との類縁関係が明らかでないものが多く、かつては動物でも菌類でもない独立した生物群だと分類する者もいたほどだ。しかし動物が這った痕跡やU字型をした巣穴なども多数発見されており、最近では現生の動物たちの祖先だと考えられるようになった。2019年中国で発見された化石では、這った痕跡の先端に細長い体節のある動物がはっきりと見える。

彼らは骨や殻を持たず、柔らかい組織だけでできているので、なかなか化石が残りにくい。生物の死骸や這い跡の上に急速に細い砂が溜まって腐敗しなかったような場合にのみ、印象化石として痕跡が残る。

エディアカラ動物を代表するのは、パンケーキのように平べったい楕円形をしたディキンソニアだ。身体はふわふわしていて体節がきちんと並んでおり、浴室で使うエアマットのように中は空洞だ。大きさは硬貨のような1センチメートル程度のものから、1メートルもあって両手でも抱えきれないお盆のようなものまでいる。特に特徴的なのは、大きな楕円の真ん中に1本の線が走っており、その線を中心として右と左の両側に数え切れないほどの体節がきれいに広がっていることだ。

身体はどちらが前とも後ろとも判別できない。目立った感覚器もなければ消化管もない。しかし、背中側と腹側の区別はあったようだ。細菌が作ったマットの上をゆっくり動いて、パンケーキのような身体の腹側で、体表から細菌などを吸い込んでいたものと考えられる。

ディキンソニア
(Wikimedia commons)

そして注目すべきことは、身体の中央線があるにもかかわらず左右対称ではなかったことだ。中央線から張り出している体節は、左右が互いに半分ずつずれているのだ。これだと中央線上に鏡を立てても姿が再現できない。ディキンソニアは鏡映対称ではない独特の姿をしていたのだ。

また、トリブラキディウムは、体長2~5センチメートルのボタンのような形をしていて、身体の全体で卍のような形を描いている。卍型と言っても腕が4本ではなくて、腕3本で描かれたものだ。腕は相互に120度ずつの角度で隣り合い、回転させると重なり合う。したがって、この形も鏡映対称ではない。

全く不思議な姿の生物たちだ。中にはユエロフィクヌスのように、螺旋を描く形状の化石もある。これも螺旋形なので、鏡映対称ではない。もっともこれは動物ではなくて藻類ではないかという人もいる。またキュクロメデューサは、ボタンのような形の中心に乳首のように盛り上がった丘があり、この中心が2つ以上の場合もある。

エディアカラ動物たちは微生物を食べたり光合成細菌と共生したりしていたので、動物同士が食べ合うような捕食関係にはなかった。このため弱肉強食の競争関係がなかったという意味で、その場所は「エディアカラの園」と呼ばれている。もちろんエデンの園に引っかけたものだ。

さて、ふわふわゆらゆらしているだけの平べったい形をしたエディアカラ動物たちが、はたして形態的に多様だったと言えるのだろうか。大雑把に外形だけ見れば、現生の動物群に比べてむしろ単純だと言える。しかしそれでも鏡映対称でない動物が多数いたことは、現生のどの動物も採用していない体型（ボディープラン）が存在したことになる。しかもそれは世界中の海に広がっていたのだ。

そうした意味でエディアカラ動物たちは現生の動物たちよりも多様であり、より基礎的なところで進化の樹状分岐を広げていたということができる。動物たちはエディアカラの園で、既に爆発的な進化を遂げていたのである。

2　進化の姿は、樹状分岐が刈り込まれたもの

ここでエディアカラ動物たちをいったん離れて、生物たちが進化する姿について眺めてみよう。ここまでに見てきたように生物の進化はまず樹状分岐が起こって、それが刈り込まれていく。このとき彫琢についての2つのルールが働く。「幹を限定する」というルールと、「枝葉を追加する」というルールである。

「幹の限定」とは、もともとは複雑だったもの、あるいは乱雑（ランダム）だったものが、刈り込まれて単純になることだ。しかも刈り込みのプロセスは、1回きりの歴史の過程であって、後戻りしない。

約20億年前に真核生物が成立するまでは、既に見たように原核生物の世界では、酸素呼吸だけでな

く多様な代謝方法が試行錯誤されていた。しかし原核生物が合体して作った真核生物は、酸素呼吸だけを採用した。いったん分岐の始祖が酸素呼吸に幹を限定したら、その後は再び後戻りすることはない。真核生物がやがて、植物、動物、カビ・キノコへと枝分かれし多様化していっても、それらの基礎単位である細胞はすべて酸素呼吸だけによった。これが、幹の限定だ。

エディアカラ動物のうち鏡映対称でないものたちは、刈り込まれてしまって子孫を残さなかった。エディアカラ動物群ごとすべて絶滅してしまったというよりも、ここから鏡映関係をもつ始祖が出て、その後の時代につながった可能性の方が高いだろう。しかし鏡映対称にならない動物は、二度と出現しなかった。

その後、カンブリア爆発の時期には、硬い組織を持った約32門という多彩な動物たちが、数百万年という短期間の間に一挙に化石として登場した。カナダのブリティッシュ・コロンビア州にある有名なバージェス頁岩からは、背中に長い棘のあるウィワクシア、背中側にまるで脚のように多数の棘が生えているハルキゲニア、頭から背中にかけて3つに分かれた魔物のようなヨロイを持つマッレッラなど、今では見られなくなった形態を持つ動物の化石が多数発見されている。しかし、鏡映対称でない動物は、1つとして存在しない。

カンブリア紀に約32門が登場した動物たちは、その後それぞれの門として発展し、系統が分岐していくことになる。しかし、カンブリア紀にいた奇妙な形をした動物たちの多くは、刈り込まれて消滅してしまった。そして、刈り込まれた後で再び「幹」となる形態が現れて動物の門の数が大きく増えるようなことは、二度となかったのである。

3 「幹の限定」の次は「枝葉の追加」

歴史を経るにしたがって幹が限定されて生物の形態が単純化するのだとしたら、どうして生物界はこれほどに複雑な形態で満たされているのだろうか。そこには幹の限定とは別の方向の作用が働いて、多様化を推進しているはずだ。

幹は単純化されて、選択肢が限定されていく。一方で、その大枠の範囲内では、形態も機能も、環境条件などに合わせて洗練され、複雑化していく。

ここで働いているもう1つの方向が、「枝葉の追加」による多様化である。たとえば、私たち哺乳類の4本の肢が進化してくるまでの過程を見てみよう。

刺胞動物のクラゲ、イソギンチャクや棘皮動物のヒトデなどは放射対称の形態をしている。しかし、自力で遊泳する動物になると、脊索動物のナメクジウオのように、流線形で左右対称の形態となる。イソギンチャクやクラゲのように多数あった脚は、数が減少して、魚に至っては、2枚の胸ビレと2枚の腹ビレとなった。下側のヒレは合計4枚だけだ。ここまでは、幹の限定の過程である。

ヒレが4枚になると、今度は、環境の違いなどによって、そのヒレに新たな形態や機能が付加される。もともと胸ビレは、流線形の身体の両脇に付随し、水中で方向転換をするための小さな装置だった。しかしやがてそれが、大きな装置に発達していった。ホウボウは、胸ビレを扇形に発達させ、浅い海底を這うのに使う。干潟では、ムツゴロウやトビハゼは、泥となった陸上でヒレを動かして歩く。トビウオは、胸ビレを使って、300メートルもの距離にわたり滑空することさえできる。シーラカンスのヒレには、関節と骨ができた。ハイギョのヒレには1本の大きな骨が通った。胸ビレに対して、形態や機能が枝葉として追加された。

ヒレは身体を持ち上げるに至り、肢《アシ》となった。陸上に進出した両生類が登場し、四肢類の歴史が始まる。それ以後の展開は、さらに形態や機能の追加が追加を呼んで、多彩な肢ができあがっていくことになる。草食獣や肉食獣は、肢で俊敏に駆け回る。翼竜や鳥やコウモリは、前肢を翼に発達させて、空を生活圏に加えた。クジラやイルカは、海に戻って大きく身体の造りを変え、肢は再び泳ぐためのヒレとなった。後肢は泳ぐのに邪魔なので、消失してしまった。しかし、胎児のときに肢が4本あるという基本構造に変わりはない。

複雑化は多彩に進行しているように見えるが、ヒレが4枚だけという大枠は変わらない。脊椎動物では、昆虫のような6本の脚やクモ・タコのような8本の脚が出現することはなかった。いったん魚類のヒレの段階で、4枚という幹の限定が決定したので、その範囲で枝葉の追加をして、複雑化する以外になかった。幹の部分で、後戻りすることはできないのだ。

指についても、同様のことが言える。両生類・爬虫類・鳥類・哺乳類の指の数は、様々である。鳥の指は4本だったり、ウマの指は1本だったりする。しかし、いずれも胚の発生では、5本の指からできてくる。パンダは、6本の指を持つ動物だ。ササを食べるときに、6本目の指で固定する。ただしこれは、5本指の発生の途中で追加されて生えてくる指であって、基本構造に変わりはない。

陸に進出しようとした最初期の魚類のヒレには、たまたま5本の筋があった。ヒレにあった5本の筋が、やがて5本の骨となり、5本の指となった。約3億5000万年前の石炭紀の地層から、ペデルペスという爬虫類に近い最古の化石が発見されたが、このペデルペスが5本指だった。祖先である分岐始祖が持っていた制約は、その後の子孫がどれほど樹状分岐しようとも、ついて回る。

動物たちが陸に進出しようとした頃、魚類の中には、7本や8本の筋のあるヒレを持つものがいたらしい。この魚たちは、5本筋の魚たちと同様に、進化してやがて両生類になった。デボン紀末3億6600万年前に登場した両生類のイクチオステガは7本指であり、アカントステガは8本指だった。ある時期には、5本指の両生類と7〜8本指の両生類が地上に並存していたはずだ。しかし7〜8本指の両生類はやがて子孫を残すことなく絶滅し、私たちはすべて5本指の両生類の子孫だということになる。

大枠で「幹の限定」による単純化が起こり、単純化された大枠の範囲内で「枝葉の追加」による多様化が起こる。なぜ限定と追加だけが起こって、大枠である幹について後戻りができないのだろうか。

それは、生物の発生が一瞬も休むことなく連続して起こり続けているからだ。生物体は、成体だけでなく、受精卵であれ、種子であれ、胚であれ、そのつど外界に適応した完成された秩序でなければならない。そうでなければ外界からの圧力によって潰され、死滅してしまう。どの瞬間を取っても、生命として過不足なく代謝を続けながら、同時に形態形成も行わなければならない。

生物体が自分で自分を作っている最中に大枠の構造を変更すると、全体が瓦解してしまう。たとえば胚発生の途中で大枠に突然変異が生じると、発生は止まってしまう。全体が崩壊してしまわないように、大枠を守らなければならない。このように連続して発生しながら、いくつもあった大枠の種類の中から有利なものや偶然に運が良かったものが選択されて、大枠の種類が減少する。これが「幹の限定」だ。一方、複雑化するときは、こちらも発生を連続しながら、大枠の範囲内において、形態や機能を付加する。これが、「枝葉の追加」なのである。

4　エディアカラの園は、雪玉の後にやってきた

エディアカラの園の住民たちはどこからやってきて、そしてどこへいってしまったのだろうか。

動物たちの属する後方鞭毛生物の幹で、最初の多細胞化が起こったのは、約9億年前のことだったようだ。そしてカイメンのような多細胞動物が間接的な証拠（化学バイオマーカー）を残すようになるのは、7億年前頃からのことだ。

その祖先に似ているのが、既に見たエリ鞭毛虫である。エリ鞭毛虫は単細胞生物だが、寄り集まって群体を作る。2008年にエリ鞭毛虫のゲノムが解析されたとき、研究者たちが驚いたのは、単細胞生物であるにもかかわらず、動物の神経系に必要な遺伝子を多数備えていたことだった。

この単細胞生物は、動物の神経細胞が伸びていくときに周辺の細胞が道案内として出すタンパク質を持っていた。また神経細胞がそれを捉えるための受容体のタンパク質や、電気興奮のために必要なイオン・チャネルのタンパク質まで持っていた。エリ鞭毛虫が、これらのタンパク質を何に使ってい

るのかは分かっていない。仲間との連絡などに使っているのかもしれないし、あるいは全然使っていないで眠らせている可能性もある。

分子解析からは、動物たちの遺伝子は、9億年前頃にはすっかり出揃っていたものと見られている。多様な動物が出現するよりも何億年も前に、既にそれを可能とする分子の多様化が起こっていたのだ。後は何かのきっかけによって、有効な組み合わせが起こることが必要だった。

そして遂にエディアカラ紀が来る。この時代になって一気に多様な動物たちが開花したのは、その直前に地球が雪玉（全球凍結）の時代を経験したからだったという考え方が有力になってきた。

地球は古生代カンブリア紀よりも前の時代に、3〜4回の全球凍結を経験している。全球凍結とは、極端に寒冷な氷河期のことだ。太陽との位置関係や様々な要因による二酸化炭素の減少によって地球が冷却し、赤道地帯までも氷結してしまう。すると地球のすべてが、海洋まで氷に覆われてしまう。今の南極が地球全体に広がったようなものだ。そのとき気温は摂氏マイナス50度にまで下がり、ほとんどの生物は死滅した。

私はフィンランドのヘルシンキに2月に行ったことがあり、そのときに海が遠くまで一面に氷結している光景を見た。海も空も茫漠として、朦朧と見渡す限り白一色に霞んでいて、その境目も曖昧で定かには見えないのだった。全球凍結のときの地球は、どこへ行ってもこのような風景が広がっていたことだろう。

しかし果てしなく続く氷雪の大平原の中にも、完全には氷結してしまわない場所がある。温泉や熱水噴出孔のように、熱湯が噴き出しているところだ。ごく一部の生物だけは、そうした場所で生き延びた。

全球凍結の時代には、二酸化炭素を消費する生物がほとんどいなくなる。このため、火山の噴火などによって大気に二酸化炭素が蓄積した。その結果、強烈な温室効果が起こって、今度は急速に温度が上昇することになる。数百万年のうちに気温はマイナス50度からプラス50度へと急上昇した。

生き延びたごく一部の生物は、この時期を迎えると一気に拡散した。「幹の限定」の時代から「枝葉の追加」の時代へと移行したのだ。二度目の全球凍結のあった7億1000万年前のスターティアン氷期が過ぎた頃、カイメンやクラゲなどの多細胞動物が登場した可能性がある。そして三度目6億4000万年前のマリノアン氷期が過ぎた後に、今度ははっきりとエディアカラ動物群が化石となって登場するのだ。

全球凍結の後で気温が上昇した時代には、氷河が溶けて、海に向け大きく崩壊した。このとき海底に溜まった栄養分はかき回され、海表面に浮かび上がってくる。その栄養を元に光合成生物が大繁栄した。光合成生物たちが作り出した酸素が大気中に蓄積すると、動物の使えるエネルギーも飛躍的に増大した。全球凍結の後に多細胞動物が登場してくるのは、こうした契機によるものと考えられる。

5　左右対称動物もエディアカラで出現した

エディアカラ動物は、ふわふわした葉っぱのような形状のものが多い。しかしごく一部に、左右対称に近い形状をしていて、はっきりと前後の方向が分かる動物の化石がある。

　スプリッギナは3センチメートルほどの身体に、中央線を挟んで40もの体節がある細長い身体をしている。膨らんだ頭部とすぼまった尾部が明瞭に分かる。背・腹の軸と前方・後方の軸が明らかになっており、身体をしなやかに湾曲させることができた。これは三葉虫の祖先だという人もいる。しかしスプリッギナが今の動物と異なるのは、完全な左右対称の形状をしていないことだ。中央線から左右に張り出す体節が、相互に少しずつずれている。このためスプリッギナの類縁関係は不明であり、絶滅してしまった系統だという可能性も高い。

　またキンベレラは、丸いヘルメットのように盛り上がった丘のまわりに、ひらひらとした膜が取り巻いている。その前方からはゾウの鼻のように細長い舌を出していた。全長は15センチメートルになる。カメの先端から長いホースが出ているようにも見える形状だ。しかしカメといっても、硬い甲羅があるわけではない。海底を這いながらホースの先端を砂泥の中に潜り込ませて、栄養物を食べていたものと見られる。

キンベレラ（Wikimedia commons）

　長いホースのおかげで、キンベレラも左右対称動物だということが分かる。甲羅のようなものがあることや腹に足があったり外套のようなものを持っているので、貝類など軟体動物の祖先ではないかと考えられている。しかしこちらも類縁関係は明確でない。いずれにしてもエディアカラ動物たちは、様々な形状を試行錯誤する中で、左右対称やそれに近い動物を誕生させていた。

さてこのように地球上のいたるところで多様化していたエディアカラ動物たちは、いったいどこへ行ってしまったのだろうか。原生代が終わり古生代（5億4100万年前～）になると、エディアカラ動物は一斉に姿を消してしまう。

これは、その頃に激しい地殻変動が起こって、ゴンドワナ超大陸が形成されたことが原因ではないかと考えられている。地殻変動が起こるとき、地球奥深くのマグマが地表に吹き上がってきて、大規模な火山活動が起こる。巨大な火山噴火が広範な地域で起こると、吹き上げられた噴煙によって地上は暗黒の闇となってしまう。やがて雨が降ると、強烈な有毒の酸性雨となる。長期間にわたって植物やプランクトンは光合成ができず、それを起点とする生態系が壊滅して、多くの生物が死に絶える。

この後の時代でも種のおよそ3分の2以上が絶滅する事件が5回生じているが、これらも巨大な火山噴火や巨大隕石の激突が引き金になっている。エディアカラの園で1億年近くにわたってのんびりふわふわと漂っていた動物たちは、こうした厳しい天変地異や新しい捕食者の登場に対して、為す術がなかったのかもしれない。

6　カンブリア爆発より前の微小化石群

古生代カンブリア紀（5億4100万年前～）に多様な形態をした多数の動物が一挙に登場する

「カンブリア爆発」の現象を捉えて、グールドは「生物の進化は、あるとき急激に起こる」と主張した。

しかし近年この考え方の旗色が悪くなってきたのは、それ以前のエディアカラ動物の姿が明らかになってきたからというばかりではない。むしろエディアカラ紀とカンブリア紀の境界あたりから、数ミリ程度の微小な硬い殻の化石が多数発見されたからだった。これによってカンブリア紀に先立つ時代、エディアカラ紀との中間に、その祖先となる多様な動物がいたと考えられるようになってきたのだ。これらの化石は円錐や角、あるいはコイルのようだったりする。エディアカラ動物のような印象化石ではなくて、硬い組織の化石である。

それが微小な動物の身体そのものなのか、それとも動物を構成する身体の一部なのかは分からない。ナマカラトゥスと名付けられた化石は、微小なボールのような殻にいくつもの穴が開いており、そのボールが首によって支えられている。クロウディナは、硬い皿のようなものが幾重にも積み重なった管で、塔のような建物風になっている。

いずれもごく小さなものであって、柔らかい身体をした動物の一部分にできた棘や鱗のような硬い組織だったという可能性もある。いずれにしてもこれらの組織は、水中に豊富にあるカルシウムを利用したものが多かった。リン酸カルシウムや炭酸カルシウムといった形で利用したのだ。水中に乏しいケイ酸（ガラス質）を用いたケイソウなどとは違って、カルシウムを利用する者たちは身体を大きくすることができた。そしてやがてサンゴや貝殻を持つ軟体動物のように、他の動物を圧倒するようになっていった。

一方、カンブリア爆発の大量の化石のうち、多くは節足動物のものである。節足動物は硬い身体が体節の繰り返しでできていて、現在では既知の動物140万種のうちの8割を占めるという大繁栄を遂げている。甲虫だけで3000万種いるという推計もある。しかしこの節足動物のすべては、あるときたった一度だけ登場した脱皮する動物の末裔たちなのだ。節足動物の祖先は、他の動物たちが移動などのために使っている鞭毛を、突然変異によって失ってしまったらしい。このため体節から多数のイボのような付属肢を出してカバーすることになり、それがやがて歩脚や触角に発達していった。

節足動物の身体を外骨格で覆っているのはキチン質である。キチン質は、有機物である多糖を構造化したものだ。緻密で硬いが一定の柔軟性がある。このため、歩くスピードを上げるのに効果的だった。

さてカンブリア紀に先立って微小化石群が発見されたことによって、「カンブリア爆発」という概念は否定されてしまったのだろうか。しかしそうとも言えない。はっきりと現在の動物門につながる動物たちの痕跡が一挙に登場するのは、カンブリア紀だということには変わりがない。絶滅したエディアカラ動物や微小化石群と現在の動物たちとの系統関係は、まだ全く分からない。そこで今では、カンブリア爆発とは、「硬い組織を持った動物たちの爆発的多様化」という具合に考えられるようになったのだった。

7　神経系が登場して、2次元空間を認識

1億年近くに及んだエディアカラの園の動物たちは、どのように世界を感覚していたのだろうか。それ以前からいた単細胞の生物たちは、アメーバが自在に運動することで見てきたように、匂いや接触や光の刺激を感知して、その方向に向かって引き寄せられる。あるいはそれが嫌な刺激だと分かると、逆の方向に向かって逃げていく。このようなことができるのは、「1つの細胞には1つの感覚世界があるからだ」と言うことができるだろう。感覚世界というのは、「1つの生物が認識している感覚情報を総合したもの」と考えておこう。そうしてみると、私たちの身体を構成する細胞の1つひとつにも感覚世界があるはずだということになるだろう。

ただし、1つの細胞が認識している感覚世界というのは、私たちが持つような複雑なものではない。むしろそれは、一方向だけを向いた直線的なものだと考えられる。単細胞生物の場合は、刺激を受けたとき、接近するか逃避するか2つに1つである。移動する軌跡はジグザグを描いているように見えるものの、ある瞬間の細胞にとっては1つの方向が志向されているにすぎない。したがって単細胞生物の持つ認識は、空間を1次元として捉えていると言ってもよいだろう。

私たちの体細胞にしても、どの細胞にも前と後ろがある。そして多くの体細胞は、細胞の前方で刺激を捉えて、後方から化学分子を分泌する。細胞は、1次元の直線的な方向を認識していると言って

よいだろう。

やがて単細胞生物がつながって多細胞生物となっても、1次元の認識には根本的な変化が起きるわけではない。細胞同士が役割分担し合って、細胞間の連結した穴を通して体液を共有し、情報を交換し合う。しかしそれも刺激に対して一方向の空間認識である。植物は、葉と根が一直線につながっていて、一方向に向けて伸びる。植物細胞は、一方向に向けて分裂しながら直線のように伸びていくのが基本だ。そうした長い細胞の連なりが束になったのが、植物の身体である。

また、カビ・キノコは、菌糸という細長い糸のような手が本体だ。手の先をひたすら一直線に伸ばして暮らしており、それが絡まり合って多細胞体となっている。手といっても胴体があるわけではなくて、手だけがひたすら伸びる生物なのだ。植物やカビ・キノコなどは、そうした1次元空間の認識のままで体制を発達させた生物だと言える。

これに対して動物では、初めて神経系が登場した。神経細胞は糸のように細長い細胞であって、電気信号によって情報伝達を素早く行う専門家だ。私たちの身体でも、特に長い神経細胞は1メートルにもなる。神経細胞の胴体は1本線の糸のようであるものの、他の細胞と接続する部分が触手のようにいくつも枝分かれしている。ここが重要なところであって、このため神経細胞は複数の細胞と接続することができる。そして多数の神経細胞が集合すると、直線ではなくて平面上の複雑な網目のようになる。この網目状の情報伝達システムこそ、動物が初めて出現させた神経系というものなのだった。

動物界の最初期に出現したカイメンには、まだ神経系も消化管もない。しかし幼生の時期には遊泳することができて、最初期の神経細胞のようなものを持っている。クラゲになると、もう立派な神経系のネットワークを作っていて、傘を収縮させながらゆっくりと、ときには急速に泳ぐことができる。

神経系が網目状に発達して情報伝達や演算が行われるようになると、動物の空間認識は2次元のものへと発達していった。たとえばミミズは、T字型になった箱の中でその認識力を示す。右側に砂糖水、左側に電気ショック装置を置いて繰り返し這わせると、やがて砂糖水のある右側に曲がることを学習する。ミミズの記憶の中で、2次元平面の内的地図が構築されるわけだ。

食料を探索して動き回る動物たちにとって、世界を2次元空間として捉えることは、極めて有利なことだった。

エディアカラ動物の中でも、神経系は既にかなり発達していたに違いない。はっきりと前後の方向が分かる体型をしたスプリッギナやキンベレラとなると、その体型はかなり発達した動物と同様のものだ。神経系を持たなかったとは考えにくい。このような体型をしているからには、自分の前後と左右がはっきりと認識できていたことは間違いないだろう。

しなやかに身体をくねらせるスプリッギナは水底を這うだけでなく、少々なら遊泳していた可能性もある。複眼や触角のような目立った感覚器は持っていないものの、眼点で光の方向が分かっていたかもしれない。遊泳するとなると、2次元の平面空間だけでなく、ある程度は3次元の立体空間まで認識できていた可能性がある。もっとも3次元と言っても、自分の前後左右のほかに、うっすらと上下の方向が感知されていたという程度かもしれない。

遠距離まで見通すことのできる真の3次元空間を認識するのは、三葉虫が開発した複眼の登場を待たなければならない。しかしエディアカラの園の革命的な出来事は、神経系を発達させていって2次元空間を把握し、やがて3次元空間を認識するための準備までも整えていたことにあるのではないだろうか。

第4章 植物はどうやって陸上に進出したのか

私の生まれ育った家の裏庭に、杏《あんず》の樹があった。私が子供の頃には、杏の樹はもう年寄りの樹だということだった。しかし杏の樹は毎年春になると、雪のように白い可憐な花をこぼれるほどに枝につけた。

樹は裏庭から家の建物に接するように立っていて、一階の屋根の上に枝を伸ばし、花は屋根の上いっぱいに広がっていた。やがて花びらは、暖かで穏やかな春風に誘われて、ひらひらと舞った。しばらくすると樹は杏の実をならせる。みずみずしくておいしい果肉の実だった。

枝には様々な鳥がやってきて、杏の実を食べていった。土の上に落ちている杏の実を割ってみると、中には多数のアリが歩きまわっていた。このように樹は、人や鳥や昆虫たちに、等しく恵みを与えていた。

私は小学生になった頃には杏の樹の分かれた枝を登って、家の屋根にまで行くことができた。また二階の窓から一階の屋根に出れば、杏の樹づたいに裏庭に降りることもできた。小学校から帰ってきて、飼っていた子犬が他人にあげられてしまったことを知った日には、私は杏の樹に登り、幹にしがみついて泣いた。

大学生になって東京に出てからも、春に帰省すると私は、空いっぱいに広がり白く霞んでいるような杏の花を見上げた。夏に帰省すると、杏の樹は茂った緑の葉をつけて、屋根の上にそびえていた。家の縁側から見つめる池の水面には杏の樹が映っていて、ゆらゆらと陽炎のように揺れていた。その光景は、毎年変わることがなかった。

自分自身は幼かった子供の頃からすっかり変わってしまったのに、杏の樹は何も変わらないでそこに佇んでいることが不思議だった。そんな時間は杏の樹にとってはほんの一瞬のことであり、自然の営みの悠久さの中では、私たちの日々の思いや悩みなどは、小さなさざ波のようなものにすぎないのかもしれないと思えるのだった。

60年間住んでいた我が家は借家だったので、ある日、家主から突然に立ち退きを命じられた。古い家だったので、家主はこれを取り壊し、撤去した。杏の樹をはじめ庭の木々はすべて切り倒され、根こそぎにされた。きれいな更地となった土地の上に、家主は新しい家を建てた。

私はいつか杏の樹の一部を、どこかに移植しておきたいと考えていた。しかし家の取り壊しが突然のことだったので、残念ながら杏の樹は一部なりとも残らなかった。種子を手に入れておくようないとまもなかった。こうして私にとって幼い頃から親しんだ杏の樹は、失われてしまった。

しかしそれは、悔やんでも仕方のないことだ。杏の樹は、きっとどこかで生きているはずだからだ。毎年春にたくさんの清楚な花をつけ、たわわな果実を実らせた樹には、大小の鳥たちがやってきた。鳥は種子を運んでくれたに違いない。山奥の小さな里や、深い森林の中、それからなだらかに広がる河川の岸や、遠い半島の波打ち際などに、杏の樹の子孫たちは、今日も生きていることだろう。地球が太陽のまわりをめぐり、光線がたくさん射し込む時期になると、春を迎えた土地では、子供たちや人々が、白く霞むような杏の花を見上げていることだろう。そう信じて、私は老いた杏の樹を追想している。

1　水中の藻類からコケ類が上陸を果たした

植物の歩みは、意外に思えるかもしれないが、実は動物たちよりもずっと遅かった。動物たちがエディアカラの園やカンブリア爆発によって様々な実験を繰り返し、眼や肢を備えて多様な形を生み出したのに対し、植物たちが茎や葉といった器官を備えるようになるのは、1億年も後のことだ。光合成細菌と合体を果たした植物は、今あなたが窓の外に緑の葉が揺れる木々を見るように、地球規模で大繁栄をもたらした。しかしこの大繁栄も、陸上への進出という偉業があってこそのものだ。

陸上は、水中のようにふわふわと漂っていればよいというわけにはいかない。強烈な陽光に照りつけられれば、身体の水分はたちどころに失われ、乾燥してしまう。おまけに重力によって地面に押し付けられるので、空中に伸びていくのは容易なことではない。

このような困難な条件の中で植物の祖先が陸上に進出したのは、たった一度だけのことだったとされる。その始祖が新たな幹となって、再びそこから樹状分岐していったのだ。現在の植物は約30万種にのぼる。その大部分は葉と茎と根という分化した器官を持ち、また花を咲かせるものもあれば木質部を発達させて大木になるものもある。このような植物の身体の器官は、どういう順番で登場し進化していったものなのだろうか。

陸上に進出する前の祖先は、ミカヅキモ、アオミドロなどに近い緑藻の一種だった。金魚鉢の中で揺れているシャジクモが、特に祖先に近い。シャジクモ類には、単細胞の種もいれば群体になる種もいる。また多細胞体が糸のように長くなるもの、そして盤のように横に張り出すものなどがいる。さらに水中で茎が立ち上がって、名前のとおり車軸状に周囲に枝を張り出すものもいる。始祖となったのは、こうしたグループの中の茎を持った一種だった。

水中にいる藻類では、精子が遊泳して卵細胞に出会う。これに対して、すべての陸上植物に共通しているのは、「造卵器」と言って生殖細胞を包み込む器官を備えていることだ。造卵器の中で卵細胞と精細胞が結合して受精卵となる。それが分裂して胚となる。胚というのは、次世代の胎児のことだ。シャジクモ類からは、造卵器によって胚を保護するものが現れた。そして胚を保護したことによって、乾燥しやすい陸上への進出が可能となったのだ。

初期の造卵器は垂れ下がったトックリ型をし、化学分子の匂いで精子を引きつけた。それがやがてシダの前葉体にある造卵器となり、ずっと後になって種子や花を作る器官ができていくことになる。

初めて陸上に進出することができたのは、コケ類だった。コケ類は現在も世界で1万7000種ほど繁栄していて、ゼニゴケ、スギゴケなどが代表的だ。ゼニゴケは、平べったい葉っぱのような形をしていて、岩にへばりつく。付着するため突起のような仮根を出すが、これは水分や養分を摂取する真の根ではない。

　水中に立ち上がっているシャジクモから、ぺたっと葉のように岩に張りついたコケがどうやって進化したのかは明らかでない。近年ではコケから維管束が発達して立ち上がったのではなくて、むしろ二股に分岐し茎を持った祖先が先にいて、そこからコケの系統が枝分かれしたものと考えられるようになった。

　コケ類が陸地に進出したのは、4億8500万年前から始まるオルドビス紀のことだったと考えられている。コケ類は藻類と同じように体表から水や酸素、養分を吸収する。最初は潮の干満によって水がやってくる浅瀬の波打ち際にいたことだろう。

　当時、か弱いコケだけが単独で、荒々しい陸地に上がっていくことができたのかというと、実はそうではなかった。コケには、陸地に上がる苦労を共にしてくれる友人がいたのだ。それは、コケと共生する菌類だった。菌類というのは既に見てきたとおりカビ・キノコの仲間であって、私たち動物を含む後方鞭毛生物の系統に属する。

　この藻類と菌類が丸ごと共生した姿となったのが、現生する「地衣類」である。地衣類は、菌類が作る袋の中に、何種類もの藻類が取り囲まれて共生している。まるで1つの合体生物のように見えるが、そうではなくて、これは別々の個体の集合体の姿だ。南極では地衣類が1平方センチメートル成長するのに、数十年を要する。共生体となることによってこうした困難な環境でも生き延びることができるのだ。藻類の方は光合成をして糖質を作り、菌類の方は長く伸ばした触手であちこちをまさぐって水分や無機塩類を取ってくる。

陸上に進出したコケ状の植物がもう1つ開発したのは、体表面の「クチクラ」だった。クチクラというのは植物体の表面を保護している脂肪質のことで、3層構造になっていて水分の蒸散を防いでいる。その一部はロウのような物質である。しかし全身をくまなく脂肪やロウで覆うと、酸素や二酸化炭素を出入りさせることができなくなってしまう。そこで呼吸する穴として気孔を開発した。このようにして、緑の植物が、陸上で生活するための条件が整ってきたのである。

2　茎で立ち上がって地中に根、そして広がる葉

植物の身体を形成する葉・茎・根のうち最初にできたのは、茎だった。4億4400万年前から始まる古生代シルル紀には、クックソニアという直立して枝が2つに分岐した植物が登場した。高さは6・5センチメートルと小柄だが、維管束のある茎を持っていた。クックソニアは水たまりや河口の湿地に順応して、密集した群落を作った。そして分岐した軸の先端に胞子嚢をつけた。

茎に続いて、根ができた。根は当初、地下にあった茎が枝分かれしたようなものだった。まず地上部で光合成をして糖質を作り、次に根を養わなければならない。根を最初に生やしたのは、リニア類の一種だった。

茎と根に次いで登場したのが、葉だった。クックソニアから進化した植物は、小さな葉をつけるヒカゲノカズラの祖先と、大きな葉をつける一般の植物の祖先へと分岐していく。ヒカゲノカズラは茎

に生えた棘状のものから、小さな葉を作る。小さな葉は茎のまわりにびっしりと鱗のように取り巻いていて、光合成をする。ヒカゲノカズラは、現在では高山や冷涼な環境に分布する高さ10センチメートル程度の小さな植物だ。しかしライバルの少なかったシルル紀から石炭紀にかけては繁栄し、高さが40メートルにもなる巨木があった。

一方大きな葉をつけた植物の祖先は、リニアである。リニアは高さ18センチメートルほどの植物で、横に地上茎を這わせ、上に枝を伸ばしていって光を捉えていた。リニアはまだ大きな葉を持っていない。しかしやがて枝から分岐した突起のような部分が、平たく広がった大きな葉（真葉）をつけるようになると、シダ植物となっていく。

クックソニア（Wikimedia commons）

シダ類はデボン紀（4億1900万年前〜）に登場して、やがて沼地に生い茂るようになった。しっかりとした維管束がある上に大きな葉をつけたので、光を求めて上へ上へと大きくなることができた。トクサも同じ仲間だ。私たちが春の河原で見つけるツクシは、トクサ科のスギナが土の中から出てきて先端にたっぷりと胞子をつけたものだ。

シダもトクサも種子を作るわけではなくて、胞子で増える。胞子は脆弱で、乾燥に弱い。また胞子が作る袋から放出される精子は、卵細胞と受精するためには、水の中を泳がなければならない。このためこれらの植物は、今でも水分の多い湿地や日陰にいて、雨が降ったときに生殖する。

森の下草となっているシダや川岸から芽を出しているツクシは小柄な植物だ。しかし、古生代デボン紀から石炭紀にかけての沼地では、高さ10メートルもあるシダや高さ20メートルにもなるトクサが生い茂っていた。その死骸は現在では、石炭となって産出している。

3　木、種子とできて、花が咲いたのは最近のこと

4億1900万年前から約6000万年続くデボン紀の間に、植物は大きな進化を遂げた。葉の次に登場したのが、木質の幹である。水を通す導管は、専門の細胞が死んで硬い細胞壁を残したものだ。しかし現在私たちが見るような大木ができるためには、導管だけでなく、植物体を支えるための細胞が次々と死んで細胞壁を残し、木質部を形成しなければならない。

木質部となる専門の細胞を生み出す部分を「形成層」と言う。幹を取り巻く薄いシートとなった細胞たちだ。形成層は、自分の外側に師管を作り、自分の内側に木質部を作っていく。実は樹木の幹の中で生きているのは、表皮を生み出すシートと木質部を生み出すシート、それに先端で分裂している組織だけである。他の部分は、私たちで言えば骨や爪のような、硬くて生きていない分泌物の塊だ。木の生命というのは、実は細胞の平面的なシートなのだ。

形成層が登場したのは、一度だけのことだった。木質ができるようになったことによって、デボン

紀には高さ20メートルあるアルカエオプテリスが、いたるところで大森林を形成した。この植物は形が針葉樹によく似ているものの、まだ種子を作らないで、胞子によって増えた。

種子が登場したのも、植物の歴史を通じてただ一度だけのことだった。胚を親の組織で包むことによって、この世に種子植物が誕生した。種子は乾燥に耐え、水分が不足するときには休眠ができる。このため水辺や湿地でなくても繁殖が可能となり、種子植物は内陸に向かって飛躍的に広がっていった。また種子は、胚を育てる栄養を蓄えているので、光が十分なくても発芽することができた。

こうして石炭紀からペルム紀にかけてソテツやイチョウといった原始的な裸子植物、それからマツ、ヒノキ、イチイなど針葉樹の祖先が登場した。針葉樹林は寒冷にも強く、北方にも広がった。そして約3億年前の古生代後期には、これら「裸子植物」が地球を覆うようになっていた。3億年もの昔に、森林は現在の針葉樹林とそれほど大きくは変わらない景観を呈していたのだ。

針葉樹（著者撮影）

その景観は、古生代末の大絶滅を経てもあまり変わることはなかった。種子は休眠する能力を持っていたので、絶滅を乗り切ることができたのだ。

裸子植物という名前は、種子の一部が裸のままむき出しになっているという意味だ。マツボックリを想像してみてほしい。胚を包む硬い種子は立派に発達しているのだが、その種子を果実が取り巻いていることはない。松かさが開いてはいるが、種子は覆われていない。堅固な種子であり、弾けたり転がったり、じっと休眠したりすることに優れている。花粉がメシベに到達する必要があるので、受粉は風に乗って行われる。

長い茎、土の中の根、広い葉、乾燥に耐える種子という順番で進化してきて、最後に登場したのは花だった。1億4500万年前から始まる白亜紀になると、花を咲かせる「被子植物」が登場してくる。被子植物という名前は、種子が植物体によって完全に覆われ保護されているという意味だ。もともと胚を保護するために種子を作ったが、さらにその種子を保護するために子房で覆った。このため胚・種子・子房という三重の入れ子構造になっている。その一番外側の部分が開裂したのが、花なのだ。

オシベとメシベが小さくまとまった器官である花ができたのも、1回限りのことだった。最初期に花をつけたのは、ベテュリテスという植物である。花をつけたと言っても1～2ミリ程度のものであり、花弁はまだなかった。スイレンは、被子植物の祖先に近縁である。被子植物の祖先は、スイレンのように水辺の限られた環境で、細々と分布しているだけのものだっただろう。

しかし花という新たな器官を開発したことは、昆虫との共生を可能にした。大量の花粉を作って風に運ばせるよりも、蜜を出して昆虫を引きつけ、花粉を運ばせる方がエネルギーの節約になる。こうしたメリットがあったので、やがて様々な昆虫に応じて様々な花が樹状分岐するようになり、被子植物は一大勢力となって、今日では植物種の大半を占めている。

白亜紀にはスイレンのほかに、モクレン、クスノキ、カエデ、ウコギ、プラタナス、カツラなどの祖先が、既にあちこちで花を咲かせていた。緑色一色だった森林の中で、モクレンがたくさんの白い花をつけ、その花のまわりで小さな昆虫たちがぶんぶんと羽音を立てて飛び回っていたことだろう。

中生代末の大絶滅を経て、6600万年前から始まる新生代になると、地球は一時期温暖化し、やがて寒冷化していった。中生代には一年中夏のような気温の地域が多かったのに対し、新生代後半になると多くの地域で寒い冬が訪れるようになる。冬の間は雨が降らず、乾燥することが多かった。

そこで被子植物の多くは、冬になると植物体を丸ごと死なせてしまうという思い切った戦略を選択した。種子や地下茎となって生き延びる草本が繁栄するようになる。こうして野原や草原が広がり、暖かい季節が訪れると、色とりどりの花が咲き乱れるようになった。現在見るような花々が咲き乱れる植物相ができたのは、陸上植物4億5千万年の歴史の中では比較的最近のことだったのである。

被子植物の群落（著者撮影）

改めて植物の歴史を振り返ってみると、植物が上陸したのが1回限りのことなら、木質部ができたのも、種子ができたのも、さらには花ができたのも1回限り起こったことだった。それぞれの器官ができた事件のときに始祖がいる。「幹の限定」である。そしてそのたびにたくさんの触手のように再び樹状分岐していったのだ。「枝葉の追加」である。植物の歴史もまた、まさしく樹状分岐の歴史であったと言えるだろう。

4　植物と菌類が作る地中のネットワーク

1本のアカマツは、地中で40種に及ぶ菌類と共生している。菌類は、土壌の中で絹糸のような長い菌糸を10メートル近くも伸ばして、アカマツに必要な無機塩類をあちこちから取って来る。このためアカマツは、栄養の乏しい寒冷な土地でも生育することができる。木を移植するときに、植木職人が多量の土を根と一緒にしておくのは、このためだ。

陸上植物の周辺には地上の昆虫や鳥類とは別に、地下の世界でも独特のネットワークが形成されている。土壌の中では植物の根と菌類が共生しており、根と菌類が作った複合体のことを「菌根」と言う。陸上植物24万8000種のうち90パーセント以上が菌根を持っており、その大部分は菌根がなくなれば生きていくことができない。根の重さの15パーセントは、実は菌根だ。

植物は、光合成した糖質を菌類に与える。菌類の方は、菌糸体を自在に伸ばして、植物にとって不足しがちなリンなどを取って来る。植物体で最も細い根毛でも直径20～30マイクロメートル（1マイクロメートルは1ミリの1000分の1）の太さがあるのに対して、菌糸の直径はわずか1～2マイクロメートルと微細な繊維だ。このため菌糸は、土壌の微細な隙間に潜り込み、植物体から遠く離れたところにまで伸びていくことができる。

菌類は無機塩類を提供するだけでなく、植物のホルモンまで作って供給する。また、植物に取りつこうとする病原菌を排除したり、水不足の場所では水を運んで来て、植物に供給したりもする。

菌根を作る菌類は5000種類以上が発見されており、1本の巨大な樹木の根元には100種類もの異なった菌類がいることもある。

菌類の方は、特定の宿主を選ぶ特異性が強くなくて、菌糸は多くの植物から植物へと張り巡らされ、地下のパイプラインになっている。植物の中にはこのパイプラインを利用して、他の植物からちゃっかりと糖質をいただくものもいる。森の木陰でうつむきがちにぼうっとした白い花をつけるギンリョウソウは、自分では光合成をしないで、菌根を通じて周囲の樹木から糖質をもらっている。

細菌や菌類は従属栄養の生物として、寄生をなりわいとするものが多い。植物体は、様々な種類の細菌や菌類から、絶えず攻撃を受ける。これに対抗するため、植物は、根や葉から毒物を分泌する。菌根など共生の起源は、寄生しようとした細菌や菌類の中から、攻撃力の弱いものや植物に有用な物質を提供するものが現れたことにあると考えられている。

菌類や細菌の立場から言えば、植物という宿主を生かし、元気づけながら、長い期間にわたって寄生するのが有利だ。共生の形態も、菌根が植物体の内外で異なるだけでなく、根粒となったものもあれば、藻類と菌類の複合体である地衣類などもある。二重・三重の共生関係ができたり、新しい共生関係を結んだりということが絶えず起こっている。植物の世界では共生するものが多いが、特に地下ネットワークでは、ほとんどすべての関係が共生によって成り立っている。

地下のネットワークにも、動物が参加した。センチュウは、土中の細菌やカビを食べ、植物の根から栄養分を吸い取る。植物にとっては、外敵である。そのセンチュウは、昆虫に食べられ、昆虫はモグラなどの小型哺乳類に食べられる。巨大な生物量を誇る植物にしがみついているのが動物だとすると、すべての動物は、植物の寄生者だということができるかもしれない。

5 植物を中心に虫・鳥・獣が共進化した

イチジクコバチのオスは、イチジクの閉じた花の中だけにいて、外の世界に出ることなく一生を過ごす。イチジクは約800種が知られているが、ハチの方も、それぞれのイチジクに対応する独自の種がいる。イチジクとイチジクコバチは、1対1の関係で共進化したのだ。

イチジクの花は、閉じた袋のようになっていて、その袋の中に小さな雄花や雌花が何百個もできる。雌花には花柱が長いものと短いものの2種類がある。長く伸びた花柱の子房は、植物が自分の胚を育てる場所だ。これに対して、短い花柱の子房は、コバチの幼虫を育てる場所に専門化した。

袋の中で生まれたイチジクコバチのオスは、メスよりも早く茶色い成虫となる。羽根は最後までできない。オスは羽化したばかりのメスと交尾して、イチジクの袋の中にいるだけで生涯を終える。羽化したメスは、花粉をつけて袋から外の世界へと飛び立っていく。メスは別のイチジクの花に引きつけられて、その入り口から袋に入る。そして短い花柱に産卵管を差し込んで、子房の中に産卵する。そのとき運んできた花粉が長い花柱にこすりつけられて、授粉をする仕組みになっている。

昆虫には、イチジクコバチのように特定の植物だけを食べるようになったものが多い。モンシロチョウの幼虫は、アブラナ科の葉だけしか食べない。アゲハチョウの幼虫は、かんきつ類の葉だけしか食べない。それは、昆虫の本能の中に組み込まれていて、メスは特定の植物の上でしか、産卵しない。このようなことは、どうやって起こったのだろうか。

登場した頃の昆虫は、胞子や植物体を食べて植物を害するだけの存在だった。植物は昆虫に対抗するため、体内に毒物の化学分子を蓄積した。やがて昆虫の方は、その化学分子を解毒する能力を身につけた。すると植物は、さらに強力な毒物を開発した。しかし昆虫は、さらにその解毒剤を開発した。このような「毒と解毒」の開発競争が延々と繰り返されるうちに、特定の植物の毒と、特定の昆虫の解毒作用の綱引きが、ある地点でバランスし、1対1で対応するようになったのだ。

花を開発した被子植物は、昆虫を授粉に利用した。それまで植物にとって害をなすばかりだった昆虫は、花が登場したことによって、共生のパートナーになった。ここで闘争という遠心力と共生という求心力が、バランスしたわけだ。

植物が上陸して陸地を覆ってからは、地上でも地下でも、ネットワークの中心にいるのは常に植物となった。光合成のおかげで、植物の生物量は大きい。動物の身体を1キログラム作るには、その10倍の植物を食べることが必要だ。森や野原を散歩してみればすぐに分かるが、地上に存在する生物のほとんどは緑の植物であって、動物は植物の合間にときどき見え隠れするわずかな量の存在にすぎない。

鳥類が初めて登場したのは、花と同じ中生代である。しかし、現生の鳥類が分布を広げて著しく種を増やしたのはずっと後のことであり、6600万年前から始まる新生代になってからだった。繁栄した順番は、まず昆虫、次に花、最後に鳥、ということになる。

被子植物は昆虫だけでなく、鳥や哺乳類を種子の運搬に利用するようになった。植物は栄養分たっぷりの果実を実らせ、これら小さな動物たちが立ち寄るための枝を備えている。ヒサカキの種子は、鳥に消化されて果肉が取り除かれなければ発芽しない。

コウモリに花粉を媒介してもらう植物もいる。これらの花は夜間に開き、暗闇でも目立つ白い色をしている。そしてコウモリの繊細な翼を傷つけないように、枝とは離れた場所に花をつけ、誘引するために強い香りを放っている。

このように、植物を中心として、細菌や菌類、昆虫、鳥類、さらに哺乳類を巻き込んだネットワークが形成されている。これらのネットワークでは、「食べる-食べられる」の関係を通じて、それぞれの種が共進化してきた。それは、闘ってしのぎを削るだけのものではない。どこかの時点で、求心力・遠心力の相互作用がバランスし、共生に落ち着いた関係が数多く見られるのである。

6　植物の身体は葉緑体至上主義の群体社会

植物体には脳のように全体をコントロールする組織はない。目や鼻や耳といった特殊化した感覚器官もない。しかし植物は、感覚もすれば運動もする。どうやってそれができるのだろう。

その答えは、1つひとつの細胞が感覚や運動を行っているから、ということになる。それぞれの細胞が受容体を備えていて、光や匂いや接触を感知する。発芽や開花のタイミングを計るための生物時計も、すべての細胞が持っている。細胞と細胞の間は細い管でつながっていて、そこからお互いの体液を共有している。体液の中の分子を共有することによって、細胞同士は対話する。茎が伸びたり曲がったり、葉や花を作ったりするのは、オーキシンなどホルモンの濃度に導かれて、1つひとつの細胞が反応し、相互作用するからだ。

植物の生き方を知るためには、植物細胞について理解することが必要だ。植物の運命を決定したのは、なんと言っても十数億年前に光合成細菌と合体したことだった。細胞内の小器官となった葉緑体はあまりにも重要なものだったのであり、このため植物は、「葉緑体至上主義」とでも言える身体の造りを発達させた。

まず特徴的なのが、植物細胞を取り巻いている細胞壁だ。これは糖質でできた硬い殻だ。細胞を保護するだけでなく、植物が上陸してからは細胞を石垣のように積み上げ、光を求めて上へ上へと伸びることを可能にした。細胞が壁によってがっちり囲まれているので、動物のように細胞を変形させて自由に移動するというわけにはいかない。大地への固着生活であり、100メートルの高さまで石垣を積み上げて、巨木を作ることができる。

動物は動き回るうちに細胞ごとに機能を分担させた。私たちの身体は約400種類もの細胞からできており、それぞれの細胞の中は膜で小部屋に仕切られたり、繊維の骨格（細胞骨格）が張り巡らされたりしている。これに対して植物細胞は15～20種類に過ぎず、内部の造りも比較的シンプルだ。

植物の細胞は、動物のように変形して動き回ることはない代わりに、むしろ細胞の内部側を動かしており、微細な繊維でもって原形質を流動させている。原形質流動は、葉緑体を光の最もよく当たる位置に運ぶ。植物細胞は光の強さと方向を認識していて、葉緑体の向きや位置を変え、受け取る光を調節するのだ。光の照射された方向に葉緑体を集めたり、入射してくる光の強度に応じて回転したりする。また光が弱いときは、葉緑体を細胞の表面に集めるし、逆に光が強すぎるときは、紫外線の害を避けるために細胞の横側に移動させる。

このため、植物細胞では、細胞骨格の立体道路を縦横に密に張り巡らせるのを避けた。葉緑体が適当な場所にいって、密集することができるように比較的スペースを空けたものと考えられる。細胞の中を動物のように緻密に区画してしまうと、葉緑体が移動するときに不都合なので、細胞内部をごちゃごちゃと複雑にしてしまわなかったのだろう。

そして植物は細胞壁に取り巻かれて動き回れないからこそ、花粉や種子といった動き回るための乗り物を発達させた。さらにはその散布のために、水や風だけでなく昆虫・鳥・獣などを乗り物として利用するに至った。

植物は葉緑体至上主義であって、感覚も運動も均質な細胞が基本である。それを石垣のように積み上げた群体なのだ。このように理解すると、植物の様々な不思議が理解しやすくなってくる。個体のサイズを見ても植物は小から大まで様々だ。枝だけ切ってきても、花瓶の中で長く生きている。2本の樹木が絡み合って1本に融合してしまったり、別々の2本の茎が実は地下茎でつながっていたりして、どこまでが1つの個体と言えるのか境界も分かりにくい。また寿命にしても、樹木によっては何千年も生きているものがある。植物は、個体としての性格が希薄なのだ。

同じような細胞なので、どの細胞からでも花や芽や根を作ることができる。どの細胞からでも、新しい個体を丸ごと作ることすらできる。挿し木や接ぎ木ができるのはこのためだ。つまり植物細胞には、万能性がある。

植物は、個々の細胞が葉緑体を奉じてネットワークとなった。その身体は、相互作用することで調和を保っている均質な細胞の群体社会なのである。

7 植物も主体的に選択し行動する

ツル植物は、顕著な運動能力を持っている。ツタは、まず地上を伸びながら前進する。樹木や壁のように上方にそびえるものに突き当たると、上によじ登る。茎の先端は緑色の小さな球になっていて、運動するとき、接触した刺激を感知する。壁に到達すると、植物ホルモン・エチレンの濃度が高まって、球は平べったい円盤に変わる。そしてそこに白い綿のような組織ができて、張りつくための粘着物質を分泌する。こうしてツタは垂直の壁を張りついて登っていく。

同じくツル植物のクズは何本もの茎を持っており、1本の茎が年間に伸びる距離は20メートルにも及ぶ。1個体で実に年間1500メートルも伸びる。茎は地上を這いながら、節から不定根を出して定着し、やがて大地を覆っていく。その中から樹木にしがみついて登っていく茎が現れる。そして上まで伸びていって今度は樹冠を覆う。一見動かないように見える植物も、自律的に選択し、行動するということには変わりがないのだ。

種子もまた行動を選択する。種子は土壌の中で休眠し、一定の時期が来ると発芽しなければならない。しかし、一斉にすべての種子が発芽するわけではない。ぽつり、ぽつりと、時間を置いて発芽する。種子ごとに個体差があって、自分の目覚めるべき時期を選択する。土壌の雑草が刈られても刈られても再び生えてくるのは、種子が外から飛散して来るからばかりではない。土の中では、たくさんの種子が休眠しているのだ。

種子は、一般に10年から20年の間は休眠することができる。種子によっては休眠の能力が高いものがある。千葉市にある東京大学の農場で発見された2000年以上前のハスの種子は、出芽しただけでなく、みごとにピンク色の花を咲かせた。

カラスムギの種子は、ノギという2本の長いヒゲを持っている。地面に落ちると昼夜の乾湿差を利用して、このヒゲを使って2本足で這うようにして移動する。カボチャの種子にはペグという爪があり、双葉が出るときに爪に種子の皮を引っかけて脱ぐ。テッポウウリの実は乾燥してくると、はじけて勢いよく種子を飛ばす。タンポポの綿毛は1つひとつが種子であり、パラシュートになり風に乗って滑空する。これらはみな、単なる物理的な反応というばかりではなくて、自分の身体の構造を利用して種子が主体的に行動していると見ることもできる。

歴史的に見ても氷河が発達した時期には、植物たちは大きく南に下り、氷期が終了すると今度は逆に北に上った。ヨーロッパでは氷期には、植物たちは南下した。しかしアルプス山脈の壁に突き当たって、多くの植物はそこで絶滅せざるをえなかった。氷期が終わってから新しい植物相が形成されたため、ヨーロッパは全体として植物種の多様性が低い。

これに対してアジアでは、氷期に植物が南下し、間氷期に北上するためのルートが確保されていた。このため中国西南部からヒマラヤ山脈にかけては、植物の多様性が高い。日本はかつて大陸と陸続きだったものの、分離してからも南北に長い島国だったおかげで、植物が南下・北上することができた。このため植物の多様性が高く、維管束植物だけで５５００種類が生息する。このように植物は、長い期間で見れば、ちゃんと移動することだってできるのである。

8　有性生殖によって百花繚乱が起こった

フジツボは両性具有者である。すべての個体が長い鞭のような交接器を持っていて、その先端から精子を振りかける。同時にすべての個体が卵細胞を持っていて、殻を割ってみると、中でたくさんの卵を育てている。全く奇妙な生物だが、それでも生殖は他の個体との間で行う。自家受精するのではない。

これと同じように、ほとんどの植物は両性具有者である。雄株と雌株に分かれているイチョウやイチイのような植物もあるものの、これは例外的で、ほとんどの植物は1個体で精細胞も卵細胞も作る。

植物でも動物でもオスとメスの両性が存在していて、両性具有の植物でも自家受粉はしないで他の個体と受粉するものが多い。このような有性生殖というものは、なぜ発達したのだろうか。

単細胞生物の世界を振り返ってみると、無性生殖しかしない種と有性生殖をする種がいた。アメーバのように無性生殖しかしない種は、染色体を1セットしか持っていない。このような生物を「1倍体」と言う。一方ゾウリムシのように有性生殖する生物は、染色体を2セットずつ持っている。「2倍体」である。

そして、植物も動物も菌類も、多細胞生物となったものたちは、すべて2倍体生物の子孫である。ここにも「幹の限定」がある。ところが2倍体の生物は、いつまでも2倍体のままでいるのではなくて、不思議なことに、2倍体の時期と1倍体の時期を繰り返す。精子・卵細胞といった生殖細胞は1倍体の時期なのであって、これが合体して2倍体となる。

動物の精子や卵細胞は、1倍体のままで分裂して多細胞体になることはない。ところが植物は、1倍体の時期と2倍体の時期に両方とも多細胞体になる。藻類は、1倍体のときに細胞分裂をして、大きな身体となり、その中で精子または卵細胞を作って放出する。1倍体と2倍体は同じ姿をしていて、見分けがつかない。コケ類では1倍体が本体であって、受精後に作る2倍体の方が小さい。

シダ類は、陸上で光合成するため、長く高く茎を伸ばした。そのとき、2倍体の時期を本体と決めて、身体を大きくした。一方で、1倍体の時期の身体は小さくして、精子・卵細胞を作るだけの専門器官とした。

被子植物も、1倍体と2倍体で世代交替するという祖先の習慣は守っている。オシベから放出される花粉は、1倍体だが単細胞ではない。花粉は、多細胞でできた袋であり、その中に精細胞を入れている乗り物なのだ。

花粉がメシベの柱頭に到着すると、花粉の一部分が伸びて花粉管となる。花粉管はメシベの中に潜り込んで、奥深くにある胚珠まで降りていって破裂する。このとき花粉管から放出される精細胞は、1つではない。2つの精細胞が放出されて、1つは卵細胞と結合して受精し、胚になる。これが次世代の胎児だ。もう1つは中央にある別の細胞と結合して、胚に栄養を与える胚乳となる。

動物でも極めて例外的ながら、1倍体のままで細胞分裂して成体になるものがいる。ミツバチのオスがそれだ。オスバチが生まれてくる卵は、1セットしか染色体が含まれない無精卵だ。それが分裂して胚となり、1倍体のオスバチとなる。つまりオスバチは、精子が増殖して多細胞体になったような存在なのだ。

オスバチは、やがて空中飛行をして、出会ったメスバチと交尾する。メスバチに精子を注入すると、そこでオスバチの役割は終わりだ。メスバチは何匹ものオスバチと交尾して、約500万個の精子を体内に貯蔵する。そして巣に戻ってから、時間をかけて少しずつ受精するのである。

性とは何かを考えてみると、生殖細胞が行う特殊な分裂の仕組み（減数分裂）にいきつく。生殖幹細胞は、通常の細胞と同じように染色体を2セット持っている。この細胞はいったん2つに分裂するので、染色体は4セットになる。次にこの2細胞は、もう一度分裂して4つになる。この4細胞に、染色体は1セットずつ配分される。こうしてできた1倍体が、精子や卵細胞である。「減数分裂」と言うのは、細胞の染色体の数が2セットから1セットに減少するからだ。

性とは、減数分裂によっていったん1倍体の生物（精子と卵細胞）に戻り、それが出会って2倍体（受精卵・胚）となることだ。しかしなぜ多細胞生物は、こんな手の込んだことをするのだろう。

生物界における性の起源には諸説があって、まだ意見の一致をみていないものの、その有力な主張の1つに「共食い」が性の起源になったという考え方がある。飢餓に直面した2つの1倍体生物が、同類同士で共食いをすることによって2倍体の生物になったのだと言う。

今でも飢餓になった単細胞生物は、共食いをすることがある。クラミドモナスは1倍体の生物である。しかし窒素分がない環境に置かれると、数時間のうちにはすべてが2個体ずつぴったりと接合する。双方の身体資源を出し合って、必要なタンパク質を補おうとするわけだ。

共食い説ではこれと同じように、かつて精子の祖となった個体と卵子の祖となった個体がいて、2匹の生物が食い合いをしたと考える。しかし、相手を消化することができずに共生するようになったと言うのだ。

2つの細胞がお互いを食べようとして、大きい方が小さい方を取り込み、そして合体した。卵細胞の祖先は、精子の祖先を貪食した。逆に精子の祖先が卵細胞の祖先の中に突進して、寄生しようとした。あるいはその両方が同時に起こったのかもしれない。

元はと言えば真核生物は、第2章で見たように古細菌と細菌が合体することによって誕生したものだった。その真核生物が樹状分岐するうちに、同類同士で共食いするものが出てきて、それが別の次元での新たな合体生物を生み出したということになる。

いずれにせよここでもバランスが取れて、精子と卵細胞は共生した。それによって、生み出すことのできるタンパク質は、倍増した。双方の遺伝子や小器官を持ち寄って、飢餓のような悪条件の下でも対処しやすくなった。やがて秩序ができて、卵細胞はミトコンドリアや葉緑体を提供し、精子は細胞分裂のときに糸を操作する「中心体」を提供するようになった。

共食い説によると、2つの生物は最初に闘争して、その末に共存しうるバランスを見出したのだ。遠心傾向と求心傾向の相互作用が、どこかの谷間でバランスするという力関係が、ここでも働いている。そしてここでも闘争よりも協力が行われることによって、飛躍的な進化が実現したことになる。このとき2本の枝が重層化して新しい幹ができ、樹状分岐の新たな階層ができたのだ。

しかしそれではなぜ2倍体の身体は、定期的に1倍体の精子か卵細胞に戻らなければならないのだろうか。それは、条件の悪い時期を乗り切るために、樹状分岐を元からやり直すためだと、私は考える。クラミドモナスの合体にしても、タマホコリカビの有性生殖にしても、条件の悪い時期に起こる。

条件の良いうちは、無性生殖でどんどん増殖した方が得だ。ゾウリムシのクローンも、植物体の群体社会も、私たちの体細胞も、受精卵など最初の細胞から無性生殖によって増殖してできる。体細胞は樹状分岐して、それぞれの部所で専門分化し、増殖に増殖を重ねる。暖かな陽射しと大地や海の恵みがあれば、細胞たちはクローンのままで地に満ちて、人生を謳歌すればよい。

しかし地球には冬がやってくる。条件が悪くなったときにそれまでと同じような暮らしを続けようとしても、共倒れになって全滅するだけだ。また無性生殖で増殖した体細胞には、老朽化してあちこちに傷が生じている。複雑に発達しきった身体では、厳しい時期を生き延びることは困難だ。

そこで2倍体の生物は、減数分裂という複雑でエネルギーを必要とする仕組みを使って、1倍体に戻る。いったん1倍体という最も単純な状態の自分に戻り、そこから新しい環境に合わせて自分自身を作り直すのである。単純になった身体で、もう一度環境に合わせて人生を再開するのだ。

新しくできた2倍体は、1倍体の精子と卵細胞がそれぞれの遺伝子を持ち寄ったものなので遺伝情報も多い。そこからまた新しく複雑な身体を作ることができるし、多様な遺伝子を持っていればそれだけ環境の変化に合わせて適応しやすい。2倍体の身体は、内部の持てる資源を動員して、新たな探索と樹状分岐をし直すための乗り物なのだ。

2倍になるという「幹の限定」の効果は、自己修復だけではなかった。1倍体の遺伝子が2つ混じり合うことによって、個体の限りない多様性が花開いたのだ。つまり、新たな「枝葉の追加」が可能となった。動物や植物は地に満ちて、知られているだけでも動物で約140万種、植物で約30万種という百花繚乱の相を呈したのである。

9 植物は獲得形質の遺伝もすれば、異種との交雑もする

アマに十分な肥料を与えると、よく伸びて大きく育つ。一方肥料を与えないで育てると、アマは短いままだ。大きいアマの種子から育った子孫は肥料を与えなくても大きく育ち、しかもこれが何世代も続く。短いアマの種子から育った子孫は、短いままで何世代も続く。2つのアマは同じ遺伝子を持っているのに、なぜこのようなことが起こるのだろう。

植物は茎のどの部分からでも条件さえ合えば、花芽を作りオシベとメシベを作ることができる。どの細胞でも生殖細胞になることができるわけだ。このために子孫への遺伝の仕方についても、動物の

常識が当てはまらないケースが多い。

動物では、身体が環境条件に合わせて試行錯誤した結果は子孫には伝わらないと、長く考えられてきた。発生のごく初期の段階から生殖細胞を隔離してしまうからだ。この現象から「個体の獲得形質は遺伝しない」というA・ヴァイスマンの主張が常識となって打ち立てられ、長い間生物の見方を支配してきた。

しかし植物は、獲得形質を遺伝させる。アマの事例ばかりではない。シロイヌナズナは寒さが長引くと、春に短期間で開花するようになって、それが遺伝する。5枚の花弁を持つホソバウンランは、開かない壺状の花ができると、それが遺伝する。

これらは、「メチル化」という現象によるものだということが分かっている。遺伝子は長いDNAの一部分だが、それを読み取るシステムに「メチル基」（-CH3）が付着すると、遺伝子を読み取ることができなくなる。DNAそのものやDNAの長い紐が巻きついているタンパク質「ヒストン」にメチル基がくっついて、遺伝子が読み取れなくなってしまうのだ。

生殖細胞の遺伝子がメチル化したり、メチル化を失ったりすると、次世代だけでなく何世代にも遺伝する。イネは、脱メチル化剤を使ってメチル化を消失させると、背丈が低くなって早期に結実する。そしてそれが何世代も遺伝する。

植物はこのように環境からストレスを受けるとメチル化などの状態が変化し、それが子孫に遺伝する。つまり獲得形質は、遺伝する。遺伝子そのものが変化したのではなくて、遺伝子を読み取るシステムの方が変化したのだ。

これらの現象を研究する分野を「エピジェネティクス」(後成遺伝学)と言う。その対象とするのは、「遺伝子配列の変化を伴わずに、異なった遺伝子が発現する機構」である。多細胞生物では、受精卵から細胞が増殖していく過程で、遺伝子は何も変化していないのに、細胞によってどの遺伝子を読み取るかが異なる。そしてそれぞれの細胞は分裂するときに、自分の特徴を子孫の細胞に伝える。その結果、たとえばある細胞集団は眼となり、ある細胞集団は脚となっていく。これがエピジェネティック(後成遺伝的)な現象である。

メチル化だけではなくて、「アセチル基」が付着すると遺伝子の読み取りが促進する現象(アセチル化)や、タンパク質に翻訳されないRNA(非コードRNA)が引き起こす現象など、様々な要因について研究が進められている。

さらにそれが、植物の事例で見たように世代を超えて継承される場合には、遺伝子には何も変化がないのに、個体間で変異が遺伝することになる。

このような遺伝は植物だけでなく、稀には動物でも起こることが分かってきた。高カロリー食によって肥満になったオスネズミから生まれた娘ネズミは、通常食で育ったにもかかわらず、糖尿病の症状を示した。また、センチュウは成虫になるまでストレスを与えると、そのストレスに対する耐性が向上し、その能力は子や孫にも受け継がれる。ヒトでも、肥満や自閉症などに影響があるのではないかという研究が進められている。ネズミやヒトでは、生殖細胞の遺伝子はメチル化されても通常はリセットされて外される。ところが特別な場合には、生殖細胞であってもリセットされないか、あるいはリセットされても再びメチル化されるものと考えられるようになってきた。

また、植物にはこれ以外にも、動物ではあまり起こらない遺伝の仕方がある。種というものは生殖の仕方によって隔離されており、通常は異種同士での交雑は起こらないものと考えられてきた。ところが植物では、種と種の垣根を飛び越えて、交雑がむしろ起こりやすい。花粉が風や動物によって運ばれるので、異種のメシベにたどり着くことが普通に起こるのだ。

異種同士の交雑によってできた植物種は、4割にものぼることが分かってきた。また花を咲かせる被子植物ではその割合はもっと高くなり、5割以上が異種の交雑によって生まれてきた種なのである。移動しない植物にとって、交雑することは、環境に適応するためにむしろ望ましかったということになる。

「獲得形質は遺伝しない」とか、「異なる種は生殖的に隔離されている」といった概念は、主に高度に複雑化した動物を見て考えられたことだった。しかし動物というのは、生物界の構成員の一部分にすぎない。

しかも生物の世界は複雑であるがゆえに完全ではなくて、少しだけいつも曖昧さがある。その曖昧さが生物を進化させていることも多い。

たとえば動物でも、1万種にのぼる鳥類のうち約1割にあたる1000種もの鳥が、異種との交雑によってできたものだということが判明してきた。カモやガンは、世界の161種のうち実に67種が交雑する。ライチョウ、ウズラ、キツツキ、ハチドリ、タカ、サギなど、現在も普通に交雑を繰り返している種も多い。

そうしてみると、生物の樹状分岐は、必ずしも時間の進行に合わせてひたすら広がり続けるのではない。むしろ枝と枝が絡まり合って、網目状の様子を呈しているのが一般的だということになる。単細胞生物のような系統樹の根っこの部分だけでなく、階層が上がった複雑な動植物であっても、枝は絡まり合っているのだ。そしてそのような現象を支えているのは、生物たちの試行錯誤なのであって、そこに生物たちの主体性が見えるのである。

第5章 昆虫はどうやって空に進出したのか

小学生の頃、私はアリジゴクを飼っていたことがある。小高い丘の上にある墓地の一角に乾燥した砂地があって、そこにたくさんの巣があった。巣は砂の中にすり鉢状のくぼみができているので、すぐに分かる。そのくぼみの奥を掘ってみると、小さいけれども恐ろしげな牙を持った楕円形のアリジゴクが出てくる。

私は父に頼んで砂地の砂ごと十数匹のアリジゴクを木の樽に入れ、自宅に持ち帰った。そして樽を庭に置いて観察した。樽の砂地にできたたくさんのすり鉢状の巣の底で、アリジゴクは毎日じっと獲物を待っていた。

庭からアリをつまんで来て巣に落としてやると、必死で斜面を這い上がろうとする。しかし砂の斜面は、アリさえも這い上がれないような絶妙の角度でできている。砂の地面が崩れてくるので、アリは逃げ切ることができずに、巣の中央に落ちてしまう。そして遂には、アリジゴクの牙の餌食になってしまうのだった。

アリジゴクは幼虫であり、成虫はウスバカゲロウだ。ウスバカゲロウは、川辺などで透明な羽根をひらひらと震わせて飛行している華奢で繊細な昆虫だ。「薄い羽根の陽炎」という名前にふさわしい、はかなげで幻想的な昆虫である。その子供が「アリの地獄」と名づけられた獰猛な茶色い怪物だということにも、興味をそそられた。私はアリジゴクが変態して、天女の羽衣のようなウスバカゲロウになる日を夢に見た。

しかし外で遊ぶ日が続くと、私は庭のアリジゴクたちのことをすっかり忘れてしまった。みごとな巣を持っているわけだから、放っておけばアリが勝手にやってきて餌食になってくれると思っていたのだ。しかし後になって考えてみると、植物が豊富に生え茂っている庭の中で、わざわざ樽の板をよじ登って砂地の巣に落ちてくれるようなアリは、ほとんどいなかったに違いない。

何か月か経った頃、すり鉢状の巣の奥を掘ってみると、アリジゴクたちはかちかちに干からびて死んでいた。絶食には強いと聞いていたものの、樽の上での生活には無理があったのだろう。墓地の砂地にいるからこそ、彼らは成長して羽化することができたのだ。

その頃の私は知らなかったことだが、庭に置いた樽の砂の上でこのとき途絶えてしまった十幾つの命は、数億年もの間、天変地異や氷河時代を耐え抜き、鳥や獣の捕食も巧みに逃れて、連綿と継続してきたものたちだった。ただ私も子供心にかわいそうなことをしたと反省し、この後は単に興味本位で昆虫を捕えるようなことはしなくなったのだった。

1　キチン質の殻を持つヤスデ・サソリが上陸

現在知られている動物約１４０万種のうち、昆虫は実に約１００万種を数える。地上の動物たちの中にあって一方の幹を究極にまで上りつめて進化したのが、昆虫たちだ。１つの枝としては、樹状分岐の極致に達していると言えるだろう。６億年前頃の海中に一度だけ現れて脱皮した始祖から節足動物ができ、カンブリア爆発を経てやがて上陸し、さらには空中に進出するに至ったのだ。

なんといっても昆虫たちがみごとなのは、地を這う私たち他の動物と異なり、羽根を持っていて空中を飛行することだ。鬱蒼とした薄暗い森林から、可憐な花々が咲き乱れる野原、川の岸辺から墓地の砂地まで、陸地のあらゆる場所に昆虫は生息していて、ひらひらと、あるいはぶんぶんと飛び回っている。どんなに山深い森の中でも獣の姿を見かけることはめったにないのに対して、昆虫はあたりの空中に、あるいは植物や地面の上、さらにはアリのように土の中にさえも、いたるところで大繁栄を遂げている。

３億年以上前という非常に古い時代に空に進出したことが、昆虫の今日の繁栄をもたらした。それまで空は生態系の空白領域だった。そこに真っ先に進出することによって、昆虫は採食や繁殖を思いのままにしながら、爆発的に樹状分岐していったのだ。

海から陸へ、そして陸から空へ。いったいどのようにして昆虫は、この華麗な変身を成し遂げたのだろうか。

近年の分子系統解析の結果によると、最初に昆虫が誕生したのは4億8000万年前頃、羽根を持ったのは4億年以上前になると言う。しかしこの結果は化石から追跡できる年代よりも古く遡っていて、微妙に食い違う。化石記録では最初の昆虫も羽根を持った昆虫も、もっと後の時代になって登場してくるのだ。

進化の時期を特定するのは困難なことが多い。このあたりの解明はこれから徐々になされていくだろうが、ここでは従来からの慣例に従って、現在のところ判明している化石記録に基づいて時期を語っていくことにしよう。

節足動物よりも前の祖先は、現在のカギムシのような動物だったものと考えられている。カギムシというのは昆虫の幼虫イモムシのように細長くて、イボのような脚を持っており、のろのろ歩く。そして脚の先端に2つのカギ爪を持っている。脚には関節はないが、脱皮をする。

海の中で脱皮した祖先は、樹状分岐してその中からやがてキチン質の硬い殻を身にまとうものが出てきた。その硬い殻は、外敵から身を守る外骨格だ。しかし身体の大きさを制限するので、成長するには脱皮しなければならない。

節足動物のもう1つの特徴は、脚に節があることだ。身体と同じように脚も、体節による繰り返しの構造でできている。この継ぎ目の部分が関節となり、自由自在に動かせるようになった。するとイボ状の脚でのろのろ歩いていた頃とは違って、素早く移動できるようになった。

外骨格の硬い装甲と移動しやすい脚によって、節足動物は急速な繁栄を遂げた。中国のチェンジャンで発見されたカンブリア動物150種のうち、節足動物は60種を占めている。個体数で言うと、実に9割以上が節足動物だ。

素早く移動して獲物にありつくためには、感覚器官も重要だ。化石に登場する初期の節足動物は、既に眼を持っていた。この後3億年にわたり2万種以上に繁栄する三葉虫も、最初期の頃から立派な複眼を持っている。

最初に陸地に上がった節足動物は、ヤスデの仲間だったと考えられるが、サソリだったという人もいる。ヤスデの最古の化石は4億5000万年前のもので、古生代オルドビス紀のことだ。もっとも節足動物の祖先に当たるカギムシが上陸したのはもっと古く、5億年前の頃だったようだ。当時は植物たちも陸上進出を始めたばかりで、まだ立ち上がるための維管束はなく、海辺の岩には藻類やコケ類がべったりと張りついていた。

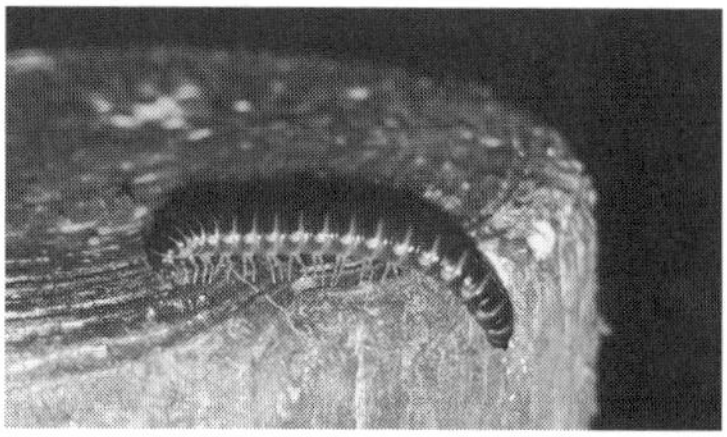

ヤスデ（Wikimedia commons）

ヤスデは腐った植物の遺骸を食べる。最初は潮が満ちたり引いたりする波打ち際にいたことだろう。しかし彼らはキチン質の装甲を持っていたので、乾燥に対して強かった。また重力が身体を地面に押しつける陸上では、関節のある脚が役に立った。海中には三葉虫だけでなく初期の魚類や軟体動物など捕食者がひしめいていて、ヤスデを襲ってくる。これに対して、その頃の陸地は捕食者のいない別天地だった。そして遠くまで見通すことのできる眼もまた、陸地で生息地を広げるのに役立っただろう。

ヤスデが上陸したのが先だとすると、その3000万年後のシルル紀には、サソリが上陸した。サソリは捕食者である。ヤスデなど上陸した動物や岸辺に打ちつけられた魚の死骸を追って陸に上がったのだろう。同じく捕食者であるムカデも、それに続いた。シルル紀になると浜辺のあちらこちらにクックソニア、リニアなど立ち上がった植物が見られるようになる。その胞子を狙って、ヤスデは茎を登っていっただろう。しかし柔らかな胞子は食べられても、固い茎の繊維を消化する能力は持っていなかった。

ここまではヤスデやサソリの物語であって、まだ昆虫は登場していない。

2　古生代のうちに羽根と完全変態を発明

昆虫の最初の化石が登場するのは、約4億年前、古生代デボン紀のことだ。昆虫が誕生したのも、たった1回だけ起こった事件だった。最初の昆虫は、トビムシのようなもので、まだ羽根はない。昆虫の特徴は頭・胸・腹と大きく3つの部分に分かれていることだ。ヤスデ・ムカデのように多数あった体節が融合して、大きく3つの部分にまとめられた。頭部には眼や口があって、感覚や摂食を司る。胸部には脚があって、運動を司る。腹部は膨らんで、消化・呼吸・生殖を司る。

また昆虫のもう1つの特徴は、頭部に感覚センサーの触角があることだ。触角の上には何千もの小さな感覚器が密集していて、匂い・味・温度・接触、さらには風の向きや空気の湿度まで感知する。触角は三葉虫やヤスデ・ムカデにもあるので、昆虫ともなると、初期の頃からかなり発達した触角を備えていたに違いない。

昆虫の祖先は、エビ・カニなどの甲殻類から枝分かれした。当時、海の節足動物にはクモの祖先もいるし、2メートルもある獰猛なウミサソリもいて、干潟を這い回っていた。昆虫の祖先は、こうした捕食者たちから逃げ回る脇役にすぎなかっただろう。しかし胸部から3対6本だけ出ている脚は、捕食者よりも遥かに俊敏な動きを可能にした。

約3億6000万年前のデボン紀末に海洋生物の75パーセントが絶滅する事件が起こった。この絶滅を乗り切った昆虫は、次の石炭紀に大きな飛躍を遂げることになる。羽根を発明したのだ。

3億2000万年前のあたりで、羽根を持ったカゲロウの祖先が登場した。カゲロウは、水辺でひらひらとゆっくり飛行している昆虫だ。形態はトンボに似ているものの、トンボのように高速で飛行することはできない。幼虫は水中にいて、羽化して成虫になった後は、短い期間に交尾・産卵をして命を終える。

最古のカゲロウの羽根は、翅脈が入り組んでいて既に十分に複雑なものだ。4枚の羽根をまだ上下にしか動かすことができないものの、付け根に羽を動かすための強力な筋肉を持っていたはずだ。

このような複雑な構造を持つ羽根が登場したのも、一度限りの事件だったとされる。羽根は一挙に完成した形でこの世に登場した。中間形態はない。したがってその進化の様子を探るのは至難の業で、どうやってこれができたのかということに関しては諸説がある。

まず、カゲロウの幼虫が持っている腹部のエラが発達して羽根になったのだろうという説がある。幼虫は水中でエラ呼吸する。陸上に出て空気呼吸するようになると身が軽いので、そのまま宙に巻き上げられた。そして飛行するための器官として、エラを転用したというものだ。

一方、遺伝子の解析で分かってきたのは、背中側にあるヒレが進化して羽根になったのではないかということだった。甲殻類には背中にヒレ（付属肢）のあるものがいて、それはガス交換のために使われている。昆虫はこのヒレを受け継いだ。カワゲラ目の成虫は、水面に帆を立てて滑走する。背中に立てたヒレが少しだけ羽根に変化すると、昆虫は空中に舞い上がったというわけだ。

飛行した初期の昆虫の羽根はカゲロウやトンボのようにむき出しであって、甲虫のようにたたむことはできなかった。石炭紀にはシダなどの巨大な植物が大繁栄して、酸素濃度は今の1・5倍にも達する。この濃い酸素の中で、羽根の端から端までが70センチメートル以上もある巨大なトンボ（メガネウロプシス）が、シダの森林の中を飛び回っていた。

巨大トンボ（Wikimedia commons）

同じ石炭紀のうちに羽根を後ろにたたむことのできる昆虫（新翅昆虫）が登場した。特に目立つのはゴキブリの祖先だ。石炭紀だけで８００種以上に及び、出土する昆虫の6割を占めている。ゴキブリは羽根をたたむと身体の形を小さくまとめられる。このため木の幹の小さな穴や葉の下、岩の割れ目などに棲むことができるようになった。

ところがペルム紀末（2億5200万年前頃）に、生物史上最大の大惨劇が地球を襲った。その原因はまだ特定されていないものの、シベリアの巨大な火山噴火が大きな要因となったものと考えられている。噴出した溶岩は、700万平方キロメートルを覆った。その広さは、日本列島の実に20倍に近い。また近年では、海洋の微生物が放出した毒性の強い硫化水素が原因だったという説も唱えられている。この巨大な天変地異によって、生物種の90パーセント以上が絶滅し、古生代は終焉を迎えた。3億年栄えた三葉虫も巨大なウミサソリも、ここで息絶えた。昆虫は、22目のうち8目が滅びた。巨大トンボの命運も尽きた。

しかし幸い昆虫は、それ以前に完全変態を開発していた。大絶滅を生き延びた子孫の大半は、甲虫・ハエ・カなど完全変態する仲間だった。これらの昆虫は、卵からかえった後、幼虫・サナギ・成虫と3段階で姿を変える。幼虫の身体の中には成虫の元になる小さな器官（成虫原基）が保護されているし、サナギは厳しい時期を乗り越えるため休眠する。こうした複雑な形態変化が、大絶滅さえも克服した。現在の昆虫では、完全変態する種が8割以上を占めている。

飛行するようになった昆虫は、植物が空中に持ち上げた実を捕食することができた。また羽根をたたむことができるようになり、前後の羽根で役割分担もできるようになった。甲虫の前翅は硬い甲羅になり、身体を保護する。それだけでなく、甲羅の色彩で異性に対してアピールしたり、その硬さで飛行のときに平衡を保ったりする。ハエの後翅は羽根ではなくなって小さな棒となり、これを使って高速回転飛行することが可能となった。また完全変態することによって、幼虫時代には栄養を貯め、成虫になると交尾・繁殖をするという、時期別の役割分担もできるようになったのだった。

3　ミツバチ・アリの社会は、中生代に発展

私たちが昆虫を見ていてもう1つ驚かされるのは、ミツバチやアリのように複雑な社会生活を営むものがいることだ。しかしハチと言っても、狩りをするものもいれば、寄生バチもいる。これらはどういった順番で出てきて、高度な社会にまで辿り着いたのだろうか。

古生代末の大絶滅を乗り切った昆虫たちの祖先は、中生代になると、羽根を持つ昆虫として「枝葉の追加」をしていく。約2億5200万年前から始まる中生代三畳紀には、ナナフシ・ハサミムシなど新しい8目が登場した。その中にハチ目の仲間が加わり、やがて社会生活をするようになっていく。

ハチは最初の頃、単独で狩りをする捕食者だった。ところがその中から、大型昆虫の幼虫などに卵を産みつける寄生バチが出てきた。寄生バチは麻酔薬を注射するための針を持っており、これは産卵管が進化したものだ。

寄生バチが産卵するときは、自分の身体よりも遥かに大きなイモムシの背中に飛び乗り、神経節に対して針を突き刺す。次に、イモムシの身体に沿って点在している神経節の位置を、まるで知悉しているかのように順番に刺していく。イモムシは麻酔されて動けなくなるものの、まだ生きている。寄生バチはイモムシの身体に卵を産みつける。やがて孵化してきた幼虫たちは、生きたままの新鮮な食料にありつくことができる。

毒グモと闘う寄生バチもいる。毒グモの身体の方が大きいので、麻酔に失敗すればハチは食べられてしまう。ところがハチはみごとな素早さでクモの背などに麻酔針を突き刺して、相手を動けなくしてしまうのである。

5000万年下ってジュラ紀になると、集団で子育てするハチが登場した。やがてハチは分業して、社会生活するようになっていく。最初のミツバチが登場したのは、さらに時代を下って1億年前頃のことだった。

ミツバチの高度な社会については、よく知られているとおりだ。女王バチから生まれた多数の働きバチたちは、食料を集めに巣から飛び立っていき、胃のそばにある袋の中に花蜜をいっぱいに溜め込んで帰って来る。そして円状や8の字状に回るダンスをして、仲間たちに花蜜のある方向と距離を伝達するのだ。また、巣がスズメバチに襲われると、ニホンミツバチの集団は敵を包囲して激烈に羽根を震わせ発熱し、外敵を退治する。さらに、巣が古くなってくると集団で協議をして、一斉に飛び立ち、新しい巣に移行することさえできる。

私はあるとき養蜂業者に、ミツバチの巣箱を見せてもらったことがある。その専門家によると、巣箱のミツバチたちは、他の巣のミツバチが迷い込んで来ても、匂いでそれと察知して、巣箱から追い出してしまうとのことだった。

ミツバチは高度な社会を作ったが、ハチの進化は、そこで止まらなかった。社会性のハチがあちこちで巣を作るうちに、やがて地中に巣を作るものが出てきたのだ。これがアリの祖先である。アリの登場は、8000万年前のことだ。

アリは体表の炭化水素に触れて、同じ巣の仲間かどうかを見分ける。同種のアリであっても、他の女王から生まれたアリを巣に入れてやることはない。ミツバチで聞いた話と同様だ。しかしその習性を悪用しようとするものは多い。サムライアリの女王はクロヤマアリの巣に侵入し、クロヤマアリの女王を噛み殺した上で、表面の成分を舐め取って女王になりきる。またアリの巣の中には、体表の成分を偽装してアリに世話をさせる甲虫、チョウの幼虫など多数の居候がいる。

このほか中生代に登場した昆虫には、チョウやガのように羽根に鱗粉をつけてひらひら飛び回る鱗翅目の祖先、蚊のように動物の血を吸う昆虫の祖先、ゴキブリが集団生活するように進化したシロアリの祖先などがいた。

翼竜が初めて空を飛んだのは、昆虫が初めて空中に進出してから1億年以上も後のことだ。それまでの間、空は昆虫の独占領域だった。鳥の祖先が現れるのは、さらに数千万年後のことだ。そして恐竜が滅びた後、新生代になってコウモリが空を飛ぶのは、鳥の祖先の登場からさらに1億年以上後のことになる。こうした捕食者たちは、空中でぶんぶんと無数に舞っている昆虫を求めて空をめざした。そして翼竜・鳥類・コウモリの登場によって空中戦が活発になると、その圧力によって昆虫たちはさらに樹状分岐し、進化していったのである。

4　体節の繰り返し構造を神経系が統率する

さてここでいったん昆虫から再びぐっと時代を遡って、9～7億年前頃に細胞が集まって多細胞動物が登場した頃に戻ろう。単細胞生物が群体となっていたものがやがて1つに統率され、クラゲなどの多細胞動物となった。生物界の樹状分岐に、多細胞化という新しい階層がもたらされた。

そしてこれに続く次なる階層は、動物の「体節構造」であった。体節構造というのは、1つの体節が繰り返し何度も出現して層のような構造になることだ。100もの体節でできたミミズをイメージすると分かりやすい。ミミズは1つの体節の中に筋肉、血管、腎臓から神経節まで1セットの完結した構造を持っている。それが繰り返し足し合わされることによって、長い身体を作る。

仮に体節が1つの個体だと想像してみると、ミミズの身体全体は体節という個体が多数集合してできた群体のようなものだ。ムカデ・ヤスデの細長い身体もたくさんの体節が繰り返されている集合体であって、同様のものと言える。

体節が群体になったようなものというこの特徴こそ、多くの動物の基本的な構造となっている。昆虫などの節足動物は、身体や脚に多数の節目があるので体節が分かりやすい。しかしのっぺりしたように見える貝類などの軟体動物でも、「生きる化石」の単板類やヒザラガイなどの多板類には、はっきりとした体節あるいは繰り返し構造がある。

私たち哺乳類も、背骨という体節の繰り返しで基本形ができてくる。またあなたがページをめくる指を見てみれば関節がみごとに動いていて、これもまた体節の繰り返し構造によってできていることが明らかだ。私たちは体節という単位が群体になってできた生き物なのだと想像してみるのは楽しいことだ。

細胞が集合して離れなくなり多細胞生物ができた。そこまではよいだろう。しかし、その後にできた体節の1つひとつを「個体のようなもの」と考えることは妥当なのだろうか。

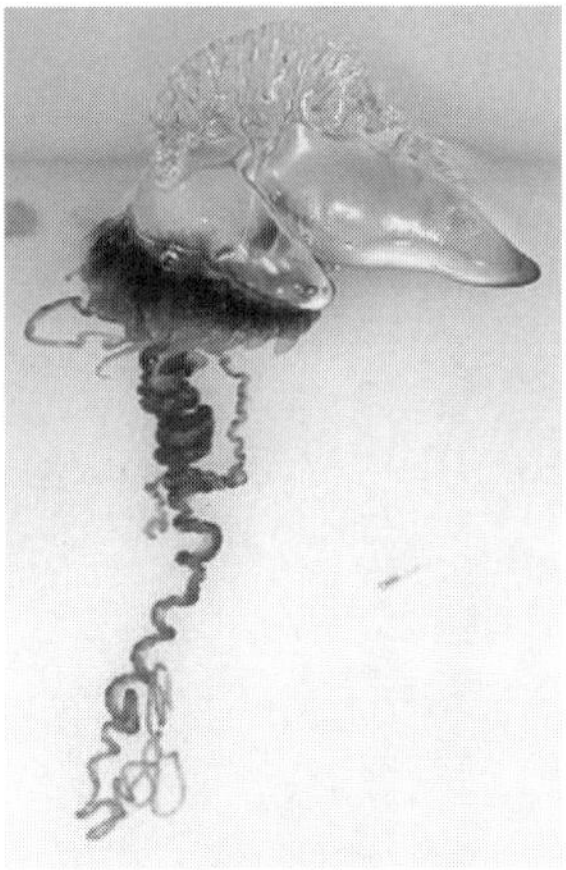

カツオノエボシ
(Wikimedia commons)

たとえば、このように考えてみよう。クラゲは最初はプラヌラという小さなプランクトンで、水中を遊泳している。やがて岩などに固着しそこで分裂・増殖してたくさんのお椀が重なったような形になる。ちょうど椀子そばを食べた後、お椀がたくさん重なり合っているようなものだ。この段階をストロビラと言う。そのお椀の1つひとつが分離して、水中に遊泳していくとそれがクラゲの成体となる。つまりストロビラは、多数の個体が重なり合った状態だ。

クラゲは放射状の身体をしていて、収縮しながら遊泳する生物であって体節はない。ところがもしも何かの拍子で、ストロビラから成体が分離しないでつながったままになったらどうなるか。それは体節のある動物の姿になっている、と言ってよいのではないだろうか。

実際クラゲの中には、「個体が集まって群体社会になった」というものがいる。カツオノエボシだ。

海岸で泳いでいる人が沖合の方まで行くと、クラゲの長い触手に刺されることがある。刺された瞬間びりびりと電気が流れたようなショックを受けるので、デンキクラゲとも呼ばれる。透き通った藍色の浮き袋を持つカツオノエボシは、１つの個体というのではなくて、たくさんの個虫が集まってできた群体なのだ。個虫は、それぞれが機能分化した多細胞動物である。たくさんある触手の１本は、獲物を仕留めるための個虫だ。身体を膨らませて風を受けるための個虫や、収縮して遊泳するための個虫もいる。そして獲物を取り込んで消化するための個虫もいる。

これらの個虫は協力し合って機能を分担し、全体としてまるで１つの個体であるかのように振舞っている。体節のある動物の繰り返し構造というものは、こうした個虫の群体社会が発展したものなのかもしれないと考えてみよう。

遺伝子からもそのことが窺える。胚の発生の途中で、「この場所に体節を作ろう」ということが決まるのは、「ホックス遺伝子」（Ｈｏｘ遺伝子）の働きによる。ホックス遺伝子は、動物が持っている特徴的な遺伝子である。ホックス遺伝子がいったん読み取られると、特殊なタンパク質が作られる。するとそこを起点として、次から次へとドミノ倒し式に遺伝子が読み取られる。新たなタンパク質が作られ、そこからまた遺伝子の読み取りが連鎖反応しながら、滝のように広がっていく。その結果、１つの体節ができあがる。いったんある体節に方向づけられた細胞集団は、別の体節になることはできない。

動物は体節の数に応じたホックス遺伝子を持っており、数が多いほど身体の造りは複雑になる。ショウジョウバエのホックス遺伝子は、第３染色体の中にあって、自分が運命を決定する体節と全く同じ順番になって並んでいる。左右対称動物は、すべて6個以上のホックス遺伝子を持っており、私たち哺乳類のホックス遺伝子は39個だ。

しかし体節ができたとしても、それがめいめい勝手に動いたのでは困る。たくさんの体節を全体として統率するのが、神経系の役割なのだ。神経は、昆虫の脚などどんな小さな体節にも必ず通っている。

左右対称動物では、前端に口、後端に肛門があり、体節のある身体を貫いて1本の消化管が走っている。その消化管に沿って縦に走るのが、神経系だ。そこから枝分かれして、体節ごとに神経細胞が集合した神経節を作る。

その中でも特に摂食のため、前方に眼や触角など重要な感覚器官が配置された。前方の消化管を取り巻く神経節は、こうした摂食や感覚などを処理する特に重要な位置を占めていた。体節が増えて身体が複雑になると、前方の神経節がますます膨らんで、遂には脳になった。そしてやがて脳が、身体全体を統率するようになったのである。

5　3次元映像を見た三葉虫の眼は、世界を激変させた

サンゴやフジツボのように海底に定着してプランクトンを濾過して食べる動物にとっては、視覚はそれほど重要ではない。せいぜい明るいか暗いか、光の来る方向はどちらかといったことが分かれば

三葉虫（著者撮影）

十分だ。なぜそれが分かることが必要かというと、天敵が近づいて影ができるようなときには急に暗くなるからだ。

私は子供の頃、机の上に置いたフジツボの水槽で何度も試してみた。蛍光灯を急に消して部屋を暗くすると、フジツボたちは驚いたようにぱっと殻の中に引っ込んでしまう。私が近づいて影を落としても、瞬時にして殻に逃げ込む。ところが蛍光灯を点けて急に部屋を明るくしてやっても、フジツボは水かき運動をしたままか、あるいは殻の中に引きこもったままで、何の反応もしないのだった。

映像を結ぶ眼がない段階の動物は、光の明るい方向や形が分かるだけだった。私たちも眼を閉じてまぶたの外に光を感じ取ってみれば、映像のない眼でどのように見えるのかが分かる。これに対して、自ら這い回ったり泳いだりして捕食する動物になると、映像を結ぶ眼を持っていることが重要になる。

初めてレンズのある眼を持った動物は、三葉虫だったと考えられている。最初期の三葉虫から既に複眼を持っていたものの、それは数個の個眼があるだけのものだった。しかしやがて個眼の数は増えていき、最高に発達した三葉虫では、複眼は数千個の個眼から構成されていた。

三葉虫の複眼は、現存するどの動物の複眼とも全く異なるものだったようだ。現在の昆虫の複眼はキチン質でできており、プラスチックのような弾力性がある。これに対して三葉虫の複眼は、方解石を含んでできた堅牢なものだった。方解石は、石灰岩にマグネシウムを含み、ガラスよりも堅固で透明な結晶となる。このように硬質な眼であるにもかかわらず、光の屈折を調節することができたし、光がレンズに集まるときに生じるずれを調節することすらできた。

昆虫が空中を飛行するには、羽根ばかりでなく眼も必要だ。遠距離まで見通せる眼を持って、3次元空間がちゃんと把握できていなければならない。

ミツバチは、頭全体が眼だというほどの巨大な2つの複眼を持っている。それぞれの複眼は個眼が6000個も集まったものだ。それぞれの個眼にはちゃんと角膜・レンズ・網膜があって、それぞれに焦点を結ぶ。全体としては、何千もの同じ映像が並行して見えているのではなくて、外界は1つに見えるようになっている。脳で信号が統合されて、1つになるのだ。つまりそれは、点描画なのである。

巨大な複眼は視界が広くて、身体のまわりがぐるりと360度見渡せる。それだけでなくて、私たちに見えない紫外線も見えるし、太陽光線が空気中で散乱されてできる偏光も見える。

色とりどりの花を精細に見分けるための複眼とは別に、ミツバチは高速で飛行するための単眼を3個持っている。単眼は明暗を区別することに敏感で、大地の暗さと空の明るさの違いを常にモニターしている。きりもみ回転をするような曲芸飛行をしても、黒い地面と白い空を取り違えることはない。

眼は、共通の祖先が一度だけ開発したものではない。むしろ動物の様々な系統で、共通した遺伝子を用いながらも、何度も開発されたものだ。ある人によると、40回以上も別々の系統で独自に開発されたのだと言う。思い出していただきたいのは、単細胞の渦鞭毛虫にも、レンズのある眼を開発したものがいたことだ。脳のないハコクラゲにも、レンズのある眼をいくつも持つものがいる。光の情報は重要なので、あちこちで独立に眼が生まれたのだ。現在では、動物の9割が何らかの眼を持っている。そして別々の系統で開発されただけに、眼の基本的な造りだけでも、ピンホール眼、複眼、カメラ眼など8種類に及ぶ。

カンブリア紀に動物が多様化を遂げた原因として、アンドリュー・パーカーは、「映像を結ぶ眼」が引き金になったと主張する。眼が発達する以前には、身体の色彩には意味がなくて、捕食者は匂いと接触によって相手を識別していた。追う者も追われる者も、鼻と手探りだけが頼りだったわけだ。その世界に眼を持った三葉虫が登場した。それまで動物はせいぜい光の射す方向しか分からなかったのに対し、三葉虫には大きさや形、そして動きが分かるようになった。これは感覚器の飛躍的な進化である。植物もカビ・キノコも持っていない3次元空間の感覚を、この瞬間に動物は確立したのだ。映像が見える動物は食物探しにおいて劇的に有利になり、競争相手を圧倒した。また配偶者を見つけて生殖するにも有利であり、瞬く間に大繁栄を遂げた。こうした中で樹状分岐して、さらに精度の良い眼、スピードのある遊泳方法、獲物を捕える武器を発達させた。

追われる動物たちも対抗して、素早く泳ぐこと、穴を掘って砂の中に潜ること、装甲を硬くすることなどで守りを固めた。しかし何よりも有効なのは、こちらも映像を結ぶ眼を持つことだった。

こうして、追う者にも追われる者にも眼が登場した。追われる者は映像の世界を知ることによって、素早く逃げたり、隠れたり、隠蔽色を持って擬態することが巧みになった。すると今度は追う者がもっと良い眼を持ったり、もっと素早くなったり、もっと強力な武器を持つ。そして次には追われる者がさらにそれに対抗する。こうして加速度的な開発競争が起こって、動物はどんどんと多様になった。

見る者と見られる者は、相互作用する。見られる者がたとえ自分自身は見ることができなかったとしても、見る者によって選別される。見られる者はただ受け身でいるのではなくて、こちらも必死で生き延びようともがき、努力する。眼という感覚器の進化は、生物界にもたらされた革命的なテクノロジーだった。その新しいテクノロジーは、身体の造りを変化させただけでなく、最終的には生物のネットワーク全体を変化させていったのだった。

6　頭がなくても走って逃げるのはなぜか

胸部に羽根、頭部に眼という器官ができても、それだけでは飛行することはできない。感覚と運動をするためには、それを統合する神経系が重要だ。もし統合ができなければ、やみくもに羽ばたいたとしても障害物に激突してしまう。

神経細胞はエディアカラ動物たちのところで見たように、糸のように細長い姿をしていて、情報を伝達する専門家である。情報の伝達は、糸の中では電気信号によって行われる。そして神経細胞の末端から化学分子を放出することによって、次の細胞の反応を促す。

神経細胞がいくつも横に並んで網目を作り、互いに連結し合うようになると、2次元の平面が理解できるようになった。ミミズのように右と左を判別し、学習するといった発達段階では、脳に集まった神経細胞の数は、数千から1万個といったところだ。ところが3次元空間の遠距離情報まで感知することができる昆虫では、眼・触角・口器などから来た各種の感覚情報も統合する。このため脳の神経細胞はますます増えて、10万から100万個という数になった。

さて、ゴキブリは頭を切り落とされても、みごとに走って逃げる。コオロギは頭を切り落とされても、一日の間生きていて、鳴くことも飛ぶこともできる。カマキリのオスはメスに頭を食べられると、性欲がますます昂進して交尾に励む。これはなぜなのだろう。脳は不要なのだろうか。

昆虫の脳神経系の働きを理解するためには、頭部にある脳だけでなく、身体のあちこちにある神経節の働きを見なければならない。胸部の神経節は、運動や飛行を統率する。腹部の神経節は、消化や生殖を統率する。頭部が切り落とされても昆虫がしばらくの間活動するのは、脳以外にまとまった神経節があるおかげだ。それぞれの神経節は分散して情報を処理しており、そこで選別した必要な情報だけを脳に送り込むようになっている。昆虫の脳は小さいので、私たちの脳のようにすべてを処理するようにはなっていない。

私たちの中枢は一極集中し、昆虫の中枢は多極分散したのだ。

地面を這い回るアリにも、針の先で突いたような小さな脳がある。アリの脳にある神経細胞は25万、小さなショウジョウバエの脳では10万。これがハチやゴキブリというやや大型の昆虫になると約100万個に及ぶ。

この数は私たちの持つ神経細胞の数850億個に比べればわずかなものだ。しかし1本の神経細胞が1つの情報を伝達するのだとしても、それが数十万個も網目状に集積されているわけだ。これは大変な情報量だと言ってよい。そのおかげで昆虫たちは色とりどりに花咲き乱れる3次元の奥行きのある空間が見渡せるだけでなく、巧みな行動をとることが可能となったのだった。

ミツバチは遠くまであちこちに飛行して植物の群落から花蜜を蓄えると、一直線に巣に戻ってくる。アリもジグザグの軌道を描いて食物を探索するが、一直線に巣に戻ることができる。これができるのは、巣を中心として自分が移動した方角と距離を積算して把握するナビゲーション・システムを持っているおかげだ。ミツバチは、太陽の偏光の信号から、自分が向いている方角を測定する。そして眼に映る景色の流れるスピードから、自分が移動した距離を測定する。

昆虫の脳では複眼や単眼で得られた視覚情報を処理する部位（視葉）や、触角から得られた匂い・温度・湿度といった情報を処理する部位（触角葉）があり、これとは別に身体のあちこちで得た接触や空気の流れを処理する部位（背側触角葉）がある。そして最終的には脳の中央にあるキノコのような形をした部分（キノコ体）で、統一的な内的地図が作られるものと考えられている。

もっとも地図とは言っても、それは私たちが使っているような精緻な地図である必要はない。昆虫の生活にとって必要な範囲でよいのであり、それは点と線を結んだような簡素なものなのかもしれない。しかしそこには、偏光や地磁気、紫外線といった私たちには感知できない信号の情報も統合されているのである。

7　反射から本能へ、そして意識へ

オーストラリアにいるナナフシの一種（ユウレイヒレアシナナフシ）は、卵から孵化したばかりの小さな幼虫のときはアリに似た形態をしていて、ちょこちょこと走り回る。アリは身体に栄養分が少ない上に多くは毒針を持っているので、天敵に襲われにくいのだ。ナナフシの幼虫が成長して身体が大きくなると、今度は危険なサソリの幼虫に擬態して、腹部を背中まで反り返らせる。さらに大きくなると、今度は枯れて巻き上がった木の葉に擬態する。

昆虫たちは、自分の形態に合わせて巧みに行動する。しかしこれは誰に教えてもらったものでもなくて、生まれつき備わった習性だ。チョウの幼虫イモムシは、草や葉といった低カロリーの食料を食べるためにのろのろ這う。これに対して成虫になると、花の蜜のような高カロリーの食料しか食べず、ひらひら飛び回って交尾する。このように先天的に備わった行動は、本能によるものだ。この本能というのは、いったい身体のどこに備わっているのだろうか。

神経細胞は感覚器と筋肉の間をつないでいて、反射的な行動をもたらす。私たちも膝の表面をこつんと叩いてみると脚がぴくりと上がる。膝蓋反射だ。これは膝で捉えた信号が脊髄で折り返して、直ちに脚の筋肉に伝えられるから起こる。この瞬時の行動には、脳は介在していない。そうしてみるとぴくりと動くだけの単線的な反射行動は、身体の造りそのものに組み込まれていると言える。

昆虫の行動も大半は、このような反射の集積だろう。昆虫に限らず私たちの身体が行っている消化や呼吸といった活動を含めて、大半がこうした反射的な反応の集積と言ってよいかもしれない。そこでは1つひとつの細胞に専門化した役割分担が決まっていて、特定の信号伝達を受ければ特定の活動をするように定められている。身体全体の1つひとつの細胞に与えられた任務があり、脳の指令がなくても細胞は自律的に自分の仕事を行う。反射的な行動は、細胞たちが身体を形成する過程で、神経細胞と筋肉細胞をつなぎながら組み込まれたものだろう。

しかし本能的な行動は、単なる反射だけでは終わらない。

クモの巣作りの様子を見てみよう。クモの多くは7種類の糸腺という分泌腺を持っていて、タンパク質でできた粘る糸と粘らない糸を出す。巣作りはまず木の枝のある1点から次の枝に一直線に糸を差し渡すところから始まる。次にその糸の真ん中から反対側の枝に向かって縦糸を張ると、T字形になる。向かい側の枝に移ってさらに糸を2点で張ると支点は4か所になり、四角形ができる。四角形の対角線上に縦糸を差し渡すと、その交わった点が巣の中心となる。

その中心から外に向かって、今度は粘らない縦糸を張っていく。この糸はクモの足場だ。次に、外から中心に向かって、ねばねばした横糸をぐるぐると回りながら張っていく。クモ自身は粘る横糸の上を歩かないので、素早く移動できる。

陽光を受けて銀の糸のようにきらめく繊細なクモの巣が、こうしてできあがる。クモはみごとな技能者ではないか。この技術は、すべてが先天的に組み込まれた反射的行動によるものなのだろうか。

しかし現実の外界は、反射だけで巣が張り上がるような単純なものではない。巣を張ろうとした場所に応じて、木の枝の形も様々なら、そのときに吹いている風の強さも様々だ。クモが巣を張るためには、枝から枝までに必要な糸の長さに対する空間認識が必要だ。また自分が移動しながらどの程度の間、糸を出していけばよいのかという時間認識も必要だ。クモは、状況に応じてときには4つの支点ではなくて、3つ、あるいは5つの支点で巣を張らなければならない。そして1つひとつの巣が微妙に異なった個性的なものになる。

これは、単なる反射の集積ではできないことだ。クモの脳の中には、完成された巣のイメージがあるに違いない。それを参照しながらも、クモは現実の外界を見て、臨機応変に対処しなければならないのだ。

寄生バチが自分の身体よりも大きなイモムシや毒グモに針を刺すのも、ハエが腐った食物の周辺を飛び回るのも、同じように外界に対して臨機応変に対処できていることに変わりはないだろう。これが本能的な行動というものだ。

常に固定されて融通のきかない反射ではなくて、誰に教わったのでもない先天的なイメージがある。それを参照して、柔軟な行動を取らなくてはならない。これは、神経細胞の1本が情報伝達するだけではできないことだ。神経細胞がたくさん集積されて縦横に連絡を取り合うようになると、このような複雑な行動までがパターンとして組み込まれるということなのだろう。それはある程度のところまでは神経節が司っており、ある程度のところから先は脳が介在しなければできないはずだ。本能というのはこのように身体の全体に分散していて、発生の過程で形態が形成されるのと同時に身体に組み込まれていくものと考えられる。

さらに昆虫の行動は、本能さえも超える。

コオロギのオスは、鳴き声でメロディーを奏でてメスにアピールする。メスはそれに引き寄せられて来て、交尾をする。しかし交尾をすればすぐに受精となるわけではない。交尾のときにオスからメスに渡されるのは、精子が入った袋だ。オスは交尾器をメスの生殖器に取り付けて、この袋を置いていく。メスは袋を保存しておいて、適当な時が来ると袋から精子が放出されて受精する。

ところがメスは別のコオロギのオスに出会うと、以前のオスと新しいオスの値踏みをする。新しいオスの方が好みだと判断すると、メスは以前のオスが置いていった袋を食べてしまう。そうやって体力をつけて、新しく出会ったオスと交尾をするのだ。

これはいったい反射や本能で片付けてしまえる行動だろうか。メスは外界を見ていて、オスを選択するのである。このとき、ある程度の記憶力を持っていて、自分が既に経験したオスと比較検討することさえできるわけだ。これはもちろん反射などではないし、先天的に備わった本能だけというのでもないだろう。

昆虫やクモが見せてくれる複雑で主体的な行動を観察すると、本能だけでなく、記憶や自分の判断といった高度な心的作用が伺われる。これは私たち脊椎動物と同じように、既に「意識」といったレベルの認識力が備わっていると考えてよいのではないだろうか。後で述べるが、実は生物学の最先端では、昆虫には意識の神経基盤があるということが主張されるようになってきているのである。

第6章 脊椎動物はどうやって陸地に広がったのか

私は子供の頃、一人で自転車に乗って街外れの河原に行き、空いっぱいに広がる夕焼けを見るのが好きだった。雲の形状や空の水分の具合によって夕焼けの光景は毎日違っていて、一日として同じ空であることはなかった。ある日には長く東西に連なるうろこ雲が、にじむような薔薇色に染まっていた。また別の日には紫色から紅色、紅色から金色へと、淡く染まった雲がなだらかに幾筋もの層をなしていることもあった。南東の空には、真珠色の月がぼんやりと光を放っていた。

夕焼けを見に行こうとして河原の岸を上っていくと、先客の友人たちがいて、河原に咲き乱れるほのかに白い月見草と一緒に、空を見上げていることもあった。川岸から見渡す水田の上空に、おびただしい数の灰黒色のコウモリたちが、ひらひらと飛び交っていた。鳥たちが鳴き交わしながらねぐらに帰る時刻だった。次第に青みがかり薄暗くなっていく空は、コウモリたちのものだった。

ある夕方、私が家の二階にいると、わずかに開けた窓の隙間から、勢いよくコウモリが飛び込んできた。コウモリは眼で見てというよりも超音波の反響を使って精細に地形を判定しているので、めったなことで家の中に迷い込んだりはしない。しかしこのときは、獲物の昆虫を追うのに夢中だったのだろう。いったん部屋の中に入ってしまったコウモリはパニックになってしまい、あちらこちらにぱたぱたと飛び回る。しかし窓の隙間が見つけられないらしい。

そこで私は窓を閉めて虫取り網でコウモリを追い回し、遂には捕獲することに成功した。コウモリはネズミに翼の生えたような姿をしていた。観念したのか暴れないで、じっと私を見上げている。光る真っ黒な瞳がつぶらで愛らしい。

獣なのに空を飛ぶことができるというのは、何とも不思議な存在だ。翼は繊細な薄い膜で、それを支えているのは長く伸びた何本もの指だ。コウモリの翼というのは、指の間に張った膜なのだ。鳥のように腕全体で翼を振る力強さはない。しかし翼全体が指なのだから、器用に動かすことができる。このためコウモリは夜の森でも木にぶつかることなく、また洞窟の中でも垂れ下がった鍾乳石にぶつかることなく、ひらひらと方向転換しながら昆虫を追うことができるわけだ。

一通り観察を終えた私は、捕獲されてじっとしているコウモリがかわいそうになり、再び窓を開けて外へ放してやった。コウモリはすっかり暗くなった夕暮れの空を少しだけ旋回し、あっという間にいなくなってしまった。夕空にはまだ仲間たちが飛び交っており、おそらく彼らの元へ帰っていったのだろう。

川岸に夕焼けを見に行って西の空にコウモリの群れを見上げるとき、私はいつも、あのコウモリはこの中にいて元気にしているだろうかと思うのだった。

1　背骨ができてアゴができ歯ができた

空を飛ぶコウモリについて分子系統解析をすると、驚くべきことに私たち霊長類よりも、海を泳ぐクジラに近い。私たち霊長類はむしろ、小さなネズミに近いところにいる。哺乳類はこのように地上から空へ、あるいは海へという具合に、樹状分岐して広がった。

脊椎動物全体を見渡してみると、海にいる魚、水辺に棲む両生類、陸上に爬虫類や哺乳類、そして空には鳥やコウモリと、海・陸・空へと広がっている。この地球上で大型の動物といえば、現在はほとんどが背骨を持った脊椎動物だ。

明らかにここでは歴史を通じて何度も樹状分岐の爆発が起こったことだろう。海の中を身をくねらせて泳いでいた脊椎動物の小さな祖先は、どうやって上陸し、内陸や大空にまで広がることができたのだろうか。

5億年以上前、私たち脊椎動物の祖先は、背骨も骨も持たず、ぐにゃぐにゃした柔らかい流線形の姿をしていた。現在の脊索動物ナメクジウオに近い姿だ。背骨はないと言っても、脊索という柔らかな突っかい棒があって身体をくねらせて泳ぐことができた。5億4100万年前から始まるカンブリア紀には、ピカイアなどこうした姿の化石が出ている。

神経系を取り巻いて背骨ができてくると、それが脊椎動物の誕生である。元の脊索は、発生の過程でやがて消失する。中国チェンジャンから化石が出たミロクンミンギアは、2センチメートル程度の小さな姿だが、2つの眼を持ち、エラがあって、それを動かす筋肉もあった。いくつかの原始的な脊椎骨の上部に神経系が走り、下部には消化管が走っている。基本形としては、私たちと同じだ。眼で外界が見えるだけでなく、内耳の中に最初は二半規管、次いで三半規管ができて、上下左右のバランスが分かるようになった。このようにして脊椎動物は、遠距離まで見通せる3次元の空間感覚を獲得した。

4億8500万年前から始まるオルドビス紀に、全身の骨ができた。骨のある動物は身をくねらせて泳ぐのが上手になったものの、まだアゴや歯はない。

ちょっとアゴに手を当ててみよう。アゴのない口とはどんなものなのだろうか。アゴのないヤツメウナギの口は丸い吸盤のようになっていて、魚の身体に張りついて血を吸い取る。アゴのない「無顎魚類」の中には、丸い口だけでなくて横に切れ長となった口のものもいたが、それでもものを噛むことはできない。海底の泥や水中の小動物を吸い込んで、そこから食料を漉し取っていた。

4億4400万年前から始まるシルル紀の海には、こうした無顎魚類が満ちていた。繁栄したのは、骨のほか鱗もできて素早く泳ぐことができるようになり、他の動物より有利となったからだ。巨大なウミサソリに追い回されても、迅速に泳げれば逃げのびることができた。しかし体長は10〜30センチメートル程度と、それほど大きくはない。現世のヤツメウナギも数十センチメートルだ。アゴのない口で摂取できる栄養には限界があったので、大きくはなれなかったのだ。

脊椎動物は、他の動物に比較して身体が大きい。その中でも恐竜やクジラのようにさらに巨大化するものも現れた。なぜ動物の中には巨大化するものが現れるのだろうか。その理由の1つは、巨大化すれば捕食者から逃れやすくなるからだ。特に脊椎動物の多くは、貝類や節足動物のような殻の防具に包まれていない。捕食者から見て、おいしい肉の柔らかい身体がむき出しになっている。そこで脊椎動物は、自らの身体を骨で支えながら大きくして、筋力を強化し、捕食者から逃げたり戦ったりする能力を向上させた。こうして最初は植物食のものが身体を巨大化させ、次いでそれを追う肉食のものが巨大化した。

シルル紀のうちに、エラの前方の骨格が分離して、アゴができた。やがてアゴには歯ができてくる。アゴと歯というのは動物界の樹状分岐で発明された革命的なテクノロジーの1つだった。私たちの身のまわりの普通の動物を考えてみると、獣・鳥・魚などアゴのない動物は全くいない。みなアゴを作った祖先の子孫なのだ。アゴと歯があれば、ものを捕まえ切ったり砕いたりできるので、海藻や大きめの動物を食べることができる。こうして身体は大きくなり、後には装甲を持つ体長6メートルの魚やサメに似た大型魚が出現した。

アゴは食べるだけではなくて、私たちの手と同じ働きをする。何しろ当時の動物には、手がないのだ。アゴによって、穴を掘ったり石を動かしたり、巣を作ったりすることができるようになった。噛みつくことで攻撃や防御もできるし、異性を捕まえることもできる。こうしてアゴのある魚（有顎魚類）が一度だけ登場して優勢となり、そこから樹状分岐が起こったのだった。

有顎魚類は、シルル紀に2つに枝分かれした。1つはサメなどの軟骨魚類であり、もう1つは硬い骨を持ちヒレに筋のある条鰭《じょうき》魚類だ。条鰭魚類はやがて2万4000種を数える現在の一般的な魚たちへと樹状分岐していくことになる。

同じシルル紀のうちに、ヒレの下に筋肉をつけたシーラカンスのような肉鰭《にくき》類も枝分かれした。肉鰭類は魚の中ではごく限られた少数派だが、侮ることはできない。何しろ私たち陸上動物の祖先は、ここから出てきたのだ。ヒレに肉がついた魚は、力強い胸ビレと腹ビレを使って水底を這い回ることができた。このような筋肉のついた4本のヒレが、やがて前肢と後肢になっていくのである。

2　魚はどうやって上陸したのか

魚はどうやって陸上に進出していったのだろうか。それは以前に考えられていたように、海から波打ち際へと上がっていったのではなくて、今では主に淡水の川や湖沼で起こったことだったと考えられている。

デボン紀の海は、小さな無顎魚類やそれを追って捕食する有顎魚類で満ち溢れていた。川や湖沼に逃げ込んだ魚たちにとって、陸地はあまり雨が降らず乾燥していたので、水中は酸素不足になりがちだった。このため空気から酸素を取り込もうとして、消化管の一部を袋状に折り畳んで、肺を作るものが出てきたのだ。現在もハイギョは、肺呼吸だけで半年間も泥の中でじっとしている。

ワニに似た形状のティクターリクというデボン紀の魚には、前肢に関節ができて手首があった。エラ呼吸と肺呼吸の両方ができ、水底を這い回っていて、待ち伏せて獲物を狩ったと考えられる。手足が進化したのは、上陸するためではなくて、水中で泳いだり這い回ったりするためだったのだ。サンショウウオに似た形態のイクチオステガになると、ヒレの先端が裂けて指ができた。手足があれば、浅い水の中でも身体を支えることができる。そして乾燥が続くと、水辺から水辺へと陸上を歩くことができた。これが、両生類の誕生である。

こうしてデボン紀のうちに脊椎動物は大きく枝分かれして、1つは魚たちとして水中で多様化していくものたち、もう1つは手足を持って陸上に進出していくものたちとなった。優勢だったのは、海中できらめきながら満ち溢れていた魚たちだ。デボン紀は、魚の時代なのだ。上陸した四肢動物の祖先は、最初は川や湖沼やその周辺でひっそりと暮らしていた目立たない存在にすぎなかった。

ティクターリク（Wikimedia commons）

両生類には乾燥から眼を守るまぶたもあるし、陸上で音を聞くための鼓膜もある。しかし現在のカエルのように、繁殖するためには水辺に戻らなければならない。水中で受精を行い、卵はぷるぷるした寒天のようなものだ。生殖を含め完全に陸上で生活できるようになるためには、陸上の乾燥から卵を守る仕組みが発達しなければならない。それは、次の石炭紀の間に起こったことだった。

3億5900万年前から始まる石炭紀は、高温で乾燥しやすい時代だった。両生類が多様化して繁栄し、その中からやがて陸上で産卵することのできるものたちが出てきた。爬虫類（羊膜類）の誕生である。殻つきの卵は、水中の環境を丸ごと殻の中に閉じ込めた1つの生物だ。

炭酸カルシウムの殻によって乾燥や外敵から保護されているだけでなく、殻は空気を通し、呼吸することができる。そして、胎児を羊膜の中に包み込んでいる。

水中環境を陸に持ち上げることとなった羊膜は、歴史上一度だけ出現したものだった。羊膜を持った祖先は、水辺でなくても交尾をし繁殖することができるようになった。内陸は既に植物が生い茂り昆虫たちも飛び回っていたものの、脊椎動物にとってはまだ空白の地帯だった。こうして彼らは、内陸に進出しながら、その後、恐竜・鳥類・哺乳類へと樹状分岐していく始祖となったのだった。

3　翼竜や鳥はどうやって空を飛んだのか

脊椎動物の上陸は石炭紀で終わり、これに続くのは「単弓類」と「双弓類」という2つの幹で枝葉が多様化していく歴史である。単弓類は私たち哺乳類につながる系統であり、双弓類は爬虫類や鳥類の系統である。この2つは、頭蓋骨の形状の違いによって分類される。単弓類には頭蓋骨の左右の側面に1つの穴があり、双弓類には2つの穴がある。そしてこの2つの幹とともに、やがて地上から空へ進出するものが現れることになる。

実は、厳密には爬虫類という分類概念さえ今では存在しなくなった。冷血な人間を指して「あの人は、爬虫類のようだ」と言いたいときは、今後正確には、「あの人は、双弓類のようだ」と言わなければならない。もっとも恐竜や鳥も温血動物なので、もっと厳密に言うと「あの人は、恐竜・鳥以外の双弓類のようだ」と言うことになるだろう。

海の中で泳いでいた脊椎動物が地上を俊敏に走り回るようになり、やがてふわりと浮かび上がって空に飛翔していくことは、興味深い。空中にジャンプするだけなら魚にもできるし、かなりの距離を滑空するトビウオのような魚もいる。また樹木の上から放物線を描いて滑空する能力を身につけた動物として、ムササビ・モモンガ・ヒヨケザルなどもいる。しかし地球の重力に逆らって空に羽ばたき、宙に浮かび上がったのは、双弓類からは翼竜と鳥、単弓類からはコウモリが出ただけだった。

2億9900万年前から始まるペルム紀は、大型化した単弓類が繁殖し多様化した時代だった。体長3〜4メートルあるエダフォサウルスやディメトロドン（盤竜類）は、背中に巨大な帆を持っている。一見するとこれは恐竜のような姿であるものの、単弓類の仲間である。つまり、怪異な姿をしているものの、恐竜よりはむしろ私たちの祖先に近い系統なのだ。一方で、後に恐竜となって大繁栄する双弓類は、この時代にはむしろ脇役であり、1メートル程度あるトカゲのような姿をしていた。

古生代末に、生物の90パーセント以上が死に絶える大絶滅が起こったとき、巨大化した帆を持つ単弓類たちの多くは滅び去った。続く中生代に、生態系にできた空白を埋めて多様化したのは、双弓類だった。双弓類、つまり本格的な爬虫類の時代が到来したのだ。

2億5200万年前から始まる中生代三畳紀のうちに、双弓類は多様化した。カメ、ワニが登場し、特にワニ類が大繁栄した。恐竜の祖先はまだ脇役で、最初は小型だった。中生代は恐竜の時代と言われるものの、その最初期である三畳紀は、むしろワニの時代だったのだ。

ところが三畳紀の末に、再び天変地異が地球を襲い、多くのワニたちが絶滅した。それに続いて2

億年前から始まるジュラ紀とその次の白亜紀こそ、恐竜の時代である。恐竜類も枝分かれし、一方はイグアノドンやステゴサウルスなどを含む比較的迅速に動き回る「鳥盤類」となった。他方は、どっしりと四つ足で歩くブラキオサウルスなどを含む「竜盤類」となった。

2足で走り回るものが多かった鳥盤類は、鳥の姿に近いように見える。しかし彼らは、鳥の祖先ではない。意外なことに四つ足でゆったり歩いたものも多かった竜盤類の方が、鳥の祖先なのだ。三畳紀のうちに、その竜盤類の中から2足で走り回る「獣脚類」が枝分かれした。後のティラノサウルスはここに含まれる。そしてその系統から、鳥が出てきたのだった。

脊椎動物で初めて空に進出したのは、双弓類から枝分かれした翼竜だった。ランフォリンクス、プテラノドンなどがいる。翼竜の翼を支えたのは、4本指のうち薬指に当たる一番外側の指である。小指は退化した。薬指の骨が、1本だけ特別にとんでもなく長大に伸びていった。長い薬指から脚にかけて張った薄い膜が、翼である。厚さは実に1ミリ程度という極薄の膜だった。コウモリのように何本もの指で翼を器用に動かすことはできないものの、代わりに薬指以外の指を使って、ものを掴んだり四足歩行したりすることができたはずだ。

翼竜は海鳥のように、海上に出ていって魚を捕食するものが多かった。しかし最大級の翼竜ケツァルコアトルスは、翼を広げると12メートルもあり、小型の恐竜さえ襲って食べた。「荘子」に出てくる「鵬」という巨大な鳥のようなものだ。山のように巨大になっても空を飛ぶ軽量化のために骨は中空であり、重さはなんと70キログラムしかなかった。

恐竜で最大のものは竜盤類のアルゼンチノサウルスで、全長が30メートルあった。重さは90トンと推定される。肉食で有名なティラノサウルスは、獣脚類で全長12メートルである。獣脚類は2足で疾走し、背中には羽毛が生えていた。

そして翼竜よりも6000万年ほど遅れて、始祖鳥が登場する。始祖鳥は、現在では鳥の直接の祖先ではなくて、むしろ傍流だったと考えられており、まだ歯を持っていた。これが中国で発見された孔子鳥となると、歯がなくなってもっと鳥らしくなる。頭骨の中で歯は重い部分を占めていたので、鳥は軽量化するために歯を失ったのだ。また骨が中空だっただけでなくて、肺の前後を複雑にたたみ込んで空気が通り過ぎる「気嚢」を持っていた。

ケツァルコアトルス（Wikimedia commons）

羽毛は、ジュラ紀のうちに発達した。当初は背中に生えた中空の毛であり、体温調節のために使われていたようだ。やがて毛は中央の軸から枝分かれした形になり、枝分かれした部分がさらに枝分かれして、複雑な構造を作っていく。いわば、体毛が樹状分岐したのだ。羽毛の役割は保温だけでなく、やがて異性に対するアピールや外敵からの隠蔽にも用いられるようになった。始祖鳥には、空中に舞い上がるための風切り羽がある。羽毛の進化の中で最後に開発されたのが、風切り羽だっただろう。

鳥は樹上から飛び立ったと長く考えられてきたものの、近年では鳥は地上から飛び立ったという説が有力になってきた。地上を走り回っていた恐竜の中から、翼を持ったものが現れて、もっと高速で走るようになれば、航空機のように翼が揚力を得て離陸することができる。

走り回る羽毛恐竜と現生の鳥の間には、ほとんど差がない。恐竜は2足で走り回り、カギ爪ができ、手が長くなって、そこに翼と羽毛ができて、空へと飛翔したのである。

4　哺乳類は恐竜時代に既に多様化していた

中生代は恐竜が陸上を支配しており、哺乳類はずっとその影に怯え続けた小さなネズミのような姿のままだったのかというと、そうでもない。哺乳類は中生代のうちに、ある程度は多様化していたのだ。

古生代の絶滅を乗り切って生き延びた私たち単弓類の祖先は、キノドンだった。キノドンはネコぐらいの大きさではあるものの、姿はむしろトカゲに似ていた。体毛は生えていたが、卵を産んで繁殖した。

大絶滅によって生態系に空白が生じると、そこを埋めようとして、比較的短い期間のうちに樹状分岐が起こる。造りが単純で小さいものの方が絶滅を生き延びやすいし、その後の幹の始祖になって多様化する可能性を持っている。その始祖が、キノドンだった。キノドンは身を守る武器などを持たない種だったため、感覚や脳を発達させた。このあたりのことは、ずっと後になってヒトが脳を発達させた事情とも似ている。

キノドンの子孫の中から哺乳類が登場したのは、中生代初期の三畳紀のことだった。哺乳類の特徴は、白亜紀に至って胎盤を持ったことだった。ワニ・恐竜・鳥がすべて殻つきの卵を産むのに対して、哺乳類は体内で胎児を育てる。胎盤は、羊膜に包まれた胎児に対して、栄養を与えて育てる装置だ。殻つき卵の中で尿を溜めていた尿膜が、母体と融合して胎盤ができた。子宮ができ、乳頭もできた。

哺乳類は恐竜から襲われるのを避けるために、夜の世界に逃げ込んだ。そこで感覚としては、暗闇の中でも敏感に反応できる嗅覚をよく発達させた。哺乳類でフェロモンなど匂いによるコミュニケーションが盛んなのは、このためだ。

同時に哺乳類は、聴覚も発達させた。耳の奥で音を伝える骨は、ほとんどの陸上動物にはアブミ骨しかない。それに対して哺乳類では、ツチ・キヌタ・アブミと3つの耳小骨ができ、聴力が向上した。夜の闇に適応した哺乳類の感覚世界では、鼻で嗅ぐ匂いと耳で聞く音が重要な信号になったのだ。

また暗闇でものがよく見えるように、明暗に関する視覚も発達させた。ただし明暗はよく見えるものの、色彩にはとても弱い。魚や鳥は赤色がよく見えるのに対して、哺乳類で赤色が見えるのは、私たち霊長類だけだ。他の哺乳類は、青色や緑色は分かるものの赤色が見えないという世界に住んでいて、「2色型色覚」と呼ばれる。薔薇の紅色とか、赤いリンゴ、幼児のピンクの肌とは無縁な青っぽく見える世界に住んでいるのだ。私たちの芸術的感性から見ると、味気ないことこの上ない。

哺乳類が多様化したのは、1億4500万年前から始まる白亜紀のことだった。鼻先が細長くなったトガリネズミのような獣のほかに、ネコに似た獣や、ムササビのように滑空する獣もいた。もっともこれらは、ネコやムササビの直接の祖先ではない。一方、カンガルーなど有袋類の祖先も、この時期に分岐している。

白亜紀の後半、依然として恐竜が支配的で、花と昆虫が共進化していた時代以降に、有袋類以外の哺乳類（真獣類）は、大きく3つの枝に分かれていく。

1つはアフリカから出たグループで、これはゾウ・ツチブタ・ジュゴン・ハイラックスなどの祖先である。2番目のグループは、アリクイ・ナマケモノ・アルマジロといった南アメリカ原産の動物たちの祖先だ。そして3番目は北方の大陸を起源とするグループで、後で見るように私たち霊長類を含む極めて多様な哺乳類の祖先となった。

地球の陸地は、巨大大陸パンゲアがジュラ紀のうちに大きく北方と南方に分裂した。その上で、南方のゴンドワナ大陸は東西に分裂し、白亜紀には南方の大陸がさらに分裂した。こうして地理的に隔離されたことによって、哺乳類の幹が分岐し、さらに枝ができて多様化していったのだった。

中生代の末（6600万年前頃）に起こった大絶滅は、巨大隕石の激突と巨大な火山噴火が、あまり時を置かずに起こったことが原因だったと考えられている。激突した隕石は、直径10キロメートル以上に及ぶものだった。摂氏1万8000度の高温が生じて、広範な海洋の水を沸騰させ、2兆トンもの粉塵が地上を暗黒にした。ちょうどその頃、南インド洋の海底で巨大な火山噴火が起こり、50万年にわたって繰り返し噴火した。

この影響で陸上では体重が25キログラム以上あった動物は、ほとんどすべてが絶滅した。巨大化した恐竜が絶滅したばかりではない。哺乳類も両生類もトカゲも、大型だったものはすべて絶滅したのだ。そして逆に小型だった哺乳類・カエル・トカゲが生き延びたように、小型だった恐竜の中で生き延びたものたちがいた。それが鳥類である。

6600万年前から新生代が始まるが、この時点でまだコウモリは登場していない。コウモリが登場するのは、それから1400万年後のことであり、多くの哺乳類の祖先がおおむね出揃った後になる。

恐竜絶滅後の空白を埋めて、哺乳類は大型化した。その中でも特に北方の大陸から出たグループは、著しく樹状分岐して多様化した。このグループはさらに大きく2つの幹に分かれていく。その一方が私たちヒトを含むグループであり、その中にはネズミ・リス・ウサギ・サルが含まれている。

枝分かれしたもう1つの幹は、さらにいくつもの枝に分岐した。そしてたった1種の祖先から枝分かれした子孫だとは信じられないほど、多種多様な獣を生み出していく。その中には、空に進出したコウモリもいれば、海に戻ったクジラ・イルカもいる。ほかにもウマ・サイなどの奇蹄類、オオカミ・ライオン・クマなどの食肉類、クジラと近縁に当たるウシ・ラクダ・キリンなどの偶蹄類を含む。硬い甲羅のセンザンコウや棘だらけのハリネズミも、こちらのグループだ。

コウモリが登場するのは、5200万年前のことだ。当初は滑空するだけで、果実を食べていたと考えられる。今のコウモリが持っている超音波で距離を測る能力は、まだなかっただろう。昼間の空は鳥類が占拠していたので、コウモリは夜の空に進出した。そして哺乳類約5000種の中でコウモリは1100種にも多様化し、ネズミなど齧歯類に次ぐ繁栄を誇っている。果実や昆虫を食べるだけでなく獣の血を吸うようになったものもいれば、昼間の世界に進出したものもいる。

翼竜、鳥に続いて空に進出したコウモリたちは、夜の世界で活動するので地味な存在に見えるかもしれない。しかし広大な夜の空を我がものとすることによって、哺乳類で最も繁栄したグループの1つとなったのだった。

5 幹や枝はなぜ分岐していくのか——生物の相互作用が調節する

以上のように見てくると、進化は直線を描いて進んでいるかのような印象を受けるが、あくまでも樹状分岐の繰り返しである。枝があちこちに分岐しては、絶え間なく多数の枝の先で絶滅する。天変地異によって絶滅する場合もあれば、競合する種に居場所を奪われて絶滅する場合もある。たとえばウマ類は、2000万年前には非常に多様で多数のグループで構成されていた。しかし今ではウマ属(エクウス)という1つのグループだけしか残っていない。樹状分岐を繰り返す中で生き残った者だけが、現在の自然を作っているのだ。

それでは樹状分岐する過程で、アゴや肺、あるいは殻つき卵といったように、次の世代にとって著しく有用となる部品を生み出す原因は何なのだろう。それが、進化論の要諦である。

従来それは、「偶然の積み重ねである」と考えられてきた。つまり遺伝子を構成する塩基の配列が、何らかの偶然の原因によって突然変異を起こす。その原因としては、遺伝子をコピーする際のミスもあれば、紫外線のような外来の攪乱要因もある。いずれにしても、それは偶然の事件なのだ。偶然に偶然が積み重なってできてきたのが、現在の多様な生物たちというわけだ。

偶然によってできたものを選別するのが、「自然淘汰」である。それは偶然によって登場した生物を、外部から選別する自然の手だ。その要素としては物理的な環境もあれば、天敵や競争相手あるいは異性といった生物の場合もある。

いずれにしても生物そのものの方は、外部から選別する手に対して、受動的な立場に置かれているにすぎない。偶然に誕生して、受動的に選別を受ける。これが、従来のダーウィニズムが描く生物の姿だった。

しかしその根底にある「すべては偶然の産物である」という前提を、全面的に受け入れてよいものだろうか。

すべてが偶然だという考え方を批判する立場の人たちは、昔からいた。その陣営から聞かれるのは、「もっとも単純な細胞が偶然によって出現する確率は、竜巻がガラクタ置き場を荒らした結果、運よくボーイング747（ジャンボジェット機）が組み立てられる確率に等しい。」（フレッド・ホイル）といった批判だ。

あるいは、「遺伝子の情報を文学作品になぞらえてみると、（略）ランダムに文字を置き換えても、作品が進化するどころか、いずれ意味を失う。」（赤坂甲治）または「でたらめに書き換えられた音符によって、偶然、その交響曲がもっと素晴らしい曲になることなど考えられない。」（中原英臣・佐川峻）という主張は、分かりやすくて説得的だ。

生物たちを変化させるのが偶然だけでないとしたら、それは何なのだろうか。偶然ではないと考える者たちは、「それは調節される」と考えるのである。何によって調節されるのかというと、それは、

「分子や細胞レベルでの相互作用」によってなのである。相互作用、すなわちネットワークが重要なのだ。

6 ワディントンの「運河化」が注目されてきた

1956年、コンラッド・H・ワディントンはエーテルを混入した空気の中にショウジョウバエの胚を置いて、発生過程を化学的に中断した。大部分の胚は死んでしまったものの、いくつかの胚は胸部を二重に形成して奇妙な形になり、生き残ることができた。遺伝子の突然変異が起こったのではない。遺伝子の突然変異なら1つの個体だけに生じるはずだ。ところがここではいくつもの個体に一斉に同じ変化が起こった。外界の環境にエーテルがあることによって引き起こされた発生過程の変更だった。細胞たちは生き延びるために、環境に適応した身体を発達させたのだった。

それ自体は、一代限りの現象だった。しかしワディントンは人為的に個体を選別し状況を操作して、やがてエーテルで育てれば常に二重の胸部を作る集団を作った。この時点ではまだ個体は、エーテルで育てなければ二重の胸部を作らない。それからさらにその集団を低いエーテル濃度の中で繁殖させて選別していったところ、やがてエーテルの中で育てなくても二重の胸部を形成する系統ができたのである。

また、ショウジョウバエがサナギから羽化するときに摂氏40度という高温にさらすと、羽根に横脈のない個体が生じる。ワディントンは、これに着目した。何代も継続して横脈のない個体を選別していったところ、最後には高温にさらさなくても横脈を形成しない集団ができたのである。

ワディントンは生物が発生するときにたどる道筋ができることを、「運河化」と呼んだ。発生するためのコースはもともといくつもあるものの、細胞たちがある特定のコースを通って胚発生を続けていると、そのコースはだんだん雨が大地をうがつ谷のように深掘りされていく。そして最後には運河となって、そのコース以外にはいけないようになる。ワディントンは、このような発生の柔軟性を地形になぞらえて、「後成的風景」とも呼んだ。

どうして何代も後になって、その発生の選択の仕方が固定されるのだろうか。それは現在では、そうした能力を表すのを抑制している因子があって、高熱など環境の刺激によってその因子が外れるのだと考えられている。そして因子が外れる状態を何代も継続しているうちに、もともとその因子を欠いた突然変異の個体が現れて広まるものと考えられる。そうだとすると、ダーウィニズムとは逆に、身体の変化が起こるのが先で、突然変異が起こるのは後のことなのだ。

ワディントンの考え方は当時広くは受け入れられず、ショウジョウバエに生じた例外的なケースだと受け止められていた。しかし20世紀末の頃から、前に述べた「エピジェネティクス」(後成遺伝学)の研究が盛んになるにつれて、ワディントンの「運河化」が再び脚光を浴びるようになってきている。エピジェネティクスの現象の中では、獲得形質が遺伝する事例が多数発見されている。アマの背の高さやシロイヌナズナの開花時期が遺伝するとか、肥満のネズミから生まれた子供に糖尿病が遺伝するといった事例を思い出していただきたい。

ここで言う獲得形質の遺伝の原因は、たとえば既に見たように「塩基配列の一部にメチル基などの印が付加される」というものだ。遺伝子そのものを変化させるわけではない。

ここで重要なのは、ヒトの塩基配列の全体（ゲノム）で見れば、遺伝子はわずか2パーセントにすぎないということだ。ゲノムの残り98パーセントには、遺伝子を働かせる時期や量などを「調節」している部分があるということが分かってきた。遺伝子以外の膨大な塩基配列は、まだ十分に解明されていない未知の大陸である。しかしその働きの1つとして、遺伝子と相互作用することによって、調節する役割を果たしている部分があるのだ。

調節の仕方としては、遺伝子にメチル化などの印が付加される場合もあるし、遺伝子以外の部分に印が付加される場合もある。エピジェネティックな遺伝の場合には、その印が子孫に伝わるのだ。伝わった印は何代か後になって外れてしまい、元に戻ることが多い。しかし同じコースに向かって動いているうちに、そのコースの方向に向かって塩基配列の変異が起こったとしたら、どうなるか。それは新たな「運河化」が生じたことになるだろう。ワディントンの例で言えば、二重の胸部を生じる集団を作っている過程のどこかで、偶然に遺伝子かそれに関連した部分の突然変異が起こってその変化を固定し、それが集団の中に広まったということが考えられる。

あるいは、別の考え方もできるかもしれない。木村資生が証明して広く受け入れられているように、あらゆる遺伝子は一定の速度で絶えず変異している。つまり変異そのものはコピーのミスなどによって、絶えず膨大に生じている。変異した遺伝子が膨大な数にのぼるとすれば、その中から「これを使ってみよう」とつまみ出したり、組み合わせて使ってみたりする作用が必要になる。それが後になって、何らかの原因によって固定されるのが、「運河化」なのかもしれない。

ここで言いたいのは、生物の側から見ると、自然淘汰のように受動的なものばかりではなくて、「運河化」のように自分の経験を蓄積して能動的につまみ出す現象があるということだ。塩基配列に印をつけるにせよ、遺伝子のストックからつまみ出して組み合わせるにせよ、そこには生物の側の主体性が働いている。生物を構成する細胞たちの主体性と言ってもよい。

従来のダーウィニズムでは遺伝子の変異は偶然であり、それに続く自然淘汰は受動的なものだった。この限りにおいては、生物に主体性はない。ところがワディントンの「運河化」などエピジェネティクスの事例では、自分の経験を踏まえて生物がまず主体的に変化する。そしてそれが遺伝する。

その基礎となっているのは、細胞たちの相互作用だ。ワディントンが作った二重の胸部に即して言えば、エーテル大気の中で育つ胚では、細胞たちが薄い酸素濃度の下で、どうすれば生き延びられるかと試行錯誤する。できあがりの設計図があるわけではない。あくまでも細胞と細胞の対話によって構築を進めるしかない。しかし各自の細胞が無秩序に動いたのでは、生体は崩壊してしまう。二重の胸部を作りながらも、ちゃんと神経系や筋肉、消化管などの各部とつながって、エネルギー収支も均衡するようにバランス良く成立させなければならない。

団まりなが描写している事例によると、ヒトデの幼生が発生する過程で、胃からつながる肛門が2つできてしまうような調子の悪い胚があった。すると細胞たちは協力し合って、2つの肛門の位置を時間とともにだんだん接近させていった。そして最後には、1つに合体させてしまったのだ。細胞たちは、「肛門は一つであるべきだ」という認識を持っている、と団は述べている。おそらく細胞たちは自分の位置に関する情報を持っていて、全体がどういう形態であれば成り立つのかということを計測し合っているのだろう。

このように細胞や個体を含めてあらゆる生物たちが絶えず行っている試行錯誤の行動のことを、私は「探索行動」と呼んでおきたい。探索行動は生物の進化において重要な役割を果たしているはずだ。それをこれから見ていこう。そしてその探索行動を支えているのは、生物たちの主体性なのである。

7　上陸するための肺は遥かな昔にできていた

ドジョウは、ときどき水中から水面に浮かび上がってきて、息をする。口から空気を飲み込んで肛門から排出し、腸で呼吸しているのだ。もちろんエラ呼吸もしているのだが、腸での呼吸ができないと窒息して死んでしまう。

魚で空気呼吸する種は、１００種類以上いる。エラ呼吸と空気呼吸を組み合わせているわけだ。しかも空気呼吸の方法は実に多彩で、肺で行うばかりではない。ドジョウのように腸で呼吸するものもいれば、皮膚で呼吸するもの、浮き袋を使うものなどがある。

空気呼吸は68種類もの魚でそれぞれ独自に進化したとされる。それでは私たちが空気呼吸するのに使っている肺は、どうやってできたのだろうか。

脊椎動物の肺は、かつて魚の浮き袋から進化したものと考えられていた。しかし、古生物学が明らかにしたのは、それは間違いだということだった。実際はその逆で、肺の方が古くからあって、浮き袋は肺から進化したものだったのだ。

地球規模での大絶滅が生じたような時期には、火山から巻き上げた粉塵などによって、地球は寒冷化する。氷河が広がると、海が大きく後退して、多数の生物種が絶滅した。しかし海が後退していくのには、一定の期間がかかる。その間にある種の生物たちは海とともに後退して、深海の方へ移動する。別のものたちは、浅瀬になったり干上がったりする泥沼地に残る。また淡水の河川を遡っていくものもいる。ここに生物たちの主体的な選択が働く。もちろんその場所で生き残れるかどうかは、生物たちの能力次第だ。

肺は、エラとは起源が異なっている。エラは、喉の奥に水を出し入れするための亀裂が起源だった。水との接触面積を大きくしようと、エラには細長い櫛の歯のようなものが折り畳まれている。

これに対して肺は、消化管の一部が膨らんでできたものだ。魚が肺による空気呼吸を開発したのは、古生代デボン紀（4億1900万年前〜）の時代に遡る。泥沼地では水が干上がるし、雨が降らない時期の河川では水中の酸素量が少ない。そこで泥沼地や河川にいた淡水魚の中から、空気呼吸が発達した。

最初は酸素の少ない淡水中にいた魚が、空中の豊富な酸素を何とかして利用しようとした。濁った水中の金魚が水面で口をぱくぱくするように、空気を飲み込むと口や食道から酸素を吸収することができた。私たちの皮膚も呼吸をするように、細胞にはもともと呼吸をする能力がある。そして空気との接触面積を大きくして、食道から枝分かれして小さな袋となったのが、肺の起源だった。

こうして肺を持ったのが、現在の一般的な魚（条鰭魚類）の祖先である。彼らは最初は河川や湖沼といった淡水中にいた。そしてやがて肺を持ったまま、海の浅瀬にも進出するようになった。デボン紀末に地球規模の大絶滅が起こり、それに続くペルム紀末にも再び大絶滅が起こった。この天変地異の後、中生代になると空白になった海へ、条鰭魚類の多くは移住していった。このとき深い海では肺が必要でなくなったため、肺を転用して、浮力調節のための浮き袋として使うことにしたのだ。

現在の条鰭魚類は浮き袋を持っているが、彼らは元はと言えば淡水中で肺を持った魚の子孫たちなのである。これに対してサメ・エイなど軟骨魚類は、祖先の頃からずっと深海にいて、一度も肺を作ったことがなかった。このため、今でも浮き袋を持たないままなので、泳ぐことをやめると身体は沈んでしまう。

さて、淡水からUターンして海に戻った条鰭魚の中から、もう一度Uターンして淡水に戻ったものたちがいた。それがメダカ・コイ・ナマズなどのような、現在私たちが一般的に見る淡水魚たちの祖先だったのである。

大地や海は、天変地異によって激動する。そのとき生物たちは、なすがままに身を任せているのではない。生物たちの方も移動する。魚たちの樹状分岐の始祖となったものは、このように、主体性を発揮して探索行動を行ったのだ。

さらにずっと後になって恐竜絶滅事件が起こった中生代末にも、魚の多くが絶滅した。そのとき魚で生き残ってその後の始祖となったものに、「ペラジア」がいる。ペラジアは、400メートル以深という深い海で暮らしていたため、影響を受けにくかったのだ。この魚は産卵数が多い上に、1世代の期間が短い。彼らは絶滅によって競争相手のいなくなった浅瀬に進出して、瞬く間に樹状分岐した。そしてスズキ・サバ・タチウオ・イボダイなどを含む15科73属232種に枝分かれしていった。沿岸の海だけではなくて、マグロ・カツオのように大海原を回遊するようになったものもいる。ペラジアの子孫たちは、海の浅い層から中層を選択して、爆発的に樹状分岐していったのである。

8　高く舞う翼の後に、遠く見る眼を発達させた

5億年前カンブリア紀の動物が一斉に多様化した原因として、映像を結ぶ眼が登場したことを既に見てきた。映像を結ぶ眼では、天然色に花咲き乱れる自然の景観が意味を持ってくる。ウミウシは黄色や青色や白色の鮮やかな色彩で、毒を持っていることを捕食者に対して警告する。ハナカマキリは白い花そっくりに擬態して、獲物となる昆虫が近寄ってくるのを待ち伏せする。

それでは、眼のような感覚器の進化が先行し、運動器の進化はそれに後からついていくものなのだろうか。必ずしもそうではない。感覚器よりも前に、運動器が新しいテクノロジーとなったと考えられる例も多い。

たとえば鳥の翼を見てみよう。ワシは、実に地上1000メートルもの高さまで舞い上がることができる。アネハヅルは、標高8000メートルもあるヒマラヤ山脈さえ越える。また渡りをする鳥は、数千キロもの長大な距離にわたって旅をする。しかし、初期の鳥類は、それほど高く舞い上がること

アネハヅル（Wikimedia commons）

はなかった。始祖鳥は、恐竜のような長い尻尾を持ち、胸骨は未発達だった。飛ぶ能力は限られていて、小高いところから滑空をしていた程度だったと考えられている。

いずれにせよここで必要なのは、感覚器ではなくて運動器の発達だ。飛ぶことを可能とした翼のテクノロジーは、鳥が大空を飛翔するようになるにつれて、感覚器を発達させた。

脊椎動物の中で最も優れた眼を持っているのは、鳥である。鳥は紫外線を見ることができるし、ワシは眼の中に映像を拡大できる網膜を持っている。視覚が発達しているだけではない。渡り鳥は低周波を聞き取る耳も持っているし、地磁気や太陽コンパスの信号を捉えて方角を知ることもできる。

これらは翼という運動のテクノロジーが先行して開発され、感覚器がそれに随伴して後から発達したことを窺わせる。感覚器と運動器が同時に役立つには、それをつなぐ脳神経系も進化しなければならない。しかしどちらが先でどちらが後かという時系列は、必ずしも明確でない。むしろほぼ同じ時期に双方の進化が起こったケースも多いことだろう。

偶然だけで多数の組織が同じ方向に向けて一致して変化していくことは、考えられない。細胞と細胞、組織と組織が相互作用することによってしか、このような変化は生じない。そこには偶然ではなくて、細胞の主体性が働いていると考えなければならないだろう。細胞は、たくさんの細胞たちと連絡を取りながら、生き延びようとする。運動器・感覚器の発達においても、細胞たちが、1つのまとまった構造になろうとして、発生という事業を行った結果、身体の部品全体が調節されて、新しい秩序を作り出していったのだ。

20世紀半ば、遺伝子の存在を予見していた物理学者エルヴィン・シュレーディンガーは、次のように述べている。

「飛ぼうとしない者は有効な翼をもつことができません。身のまわりの音をまねようとしなかったら、話すための調音の器官をもつことはできないのです。器官をもつということと、これの使用を促し、実行によってその能力を高めることとを区別するのも、また両者を有機体のもつ二つの異なった特性だと見なすのも、いずれも人為的な区別です。(略)もしも淘汰において、有機体が新しい器官を適切に用いてその促進に協力しなかったならば、淘汰は新しい器官の『生成』に対して無力であったでしょう。」(『精神と物質』エルヴィン・シュレーディンガー、中村量空訳、工作舎)

生物の形態と主体性は一体的なものだ。このように考えれば、環境側からの自然淘汰だけでなく、生物の側の主体的な探索行動も重要な要素となっていることが分かるだろう。

9　脊椎動物は、脳を何層にも重ねて進化

現生の動物を見ると、脳や神経系にある神経細胞の数は、センチュウでは302個にすぎないが、

ヒルやカタツムリでは1万個へと増加する。高度な行動を見せるミツバチやゴキブリとなると、既に見たように100万個程度になる。しかし脊椎動物では、この数が桁違いに大きくなる。

脊椎動物の進化を特徴づけるものは、脳神経系の発達だ。脊椎動物では体節の繰り返し構造を離れて、脳が独自に繰り返し構造を作っていった。

5億年前、カンブリア紀の海で泳いでいた祖先は、全く無防備な姿だった。周囲には、硬い装甲と鋭い武器で武装した無数の捕食者が溢れていた。脊椎動物の祖先が開発したのは、速く泳ぐための身体の突っかい棒、すなわち背骨だった。また同時に強化したのは、外界を感知するための感覚であり、それを統合する脳神経系だった。

神経細胞の数は、魚で1000万個、ネズミで2億個、ネコで8億個となり、さらにアカゲザルでは64億個となる。そして私たちヒトとなると850億個という膨大な数にのぼる。爆発的な激増ぶりだ。

一方、無脊椎動物を見ると、最も多数の神経細胞を持っているのは、タコだ。タコの神経細胞は3億個以上にのぼり、これはネズミの2億個よりも遥かに多い。タコは大きな身体をしていて、しかも身を守る装甲や武器を持たないところは、脊椎動物以上だ。このために、脳を発達させ、知恵を絞って生き延びる道を選択したのだろう。タコは、瓶の蓋を回して開け、中にある食物を取るというサルにもできない芸当ができる。またミミックオクトパスは、身体を変幻自在に変形させて、実に40種類以上もの動物に擬態することができる。

しかしタコの神経細胞が数多いからと言って、それは脳だけに集中しているのではない。8本の肢にある神経細胞の数は、脳の神経細胞の約2倍にもなり、それぞれの肢ごとに独自に感覚したり、運動したりすることができる。私たちと違って、タコの神経細胞は、全身に多極分散したのだ。まさにタコ肢配線である。このため肢は、切り落とされてもしばらく独自に動き回ることができる。

これに対して脊椎動物の脳は、一極集中した。

胚発生の過程で脳が生じてくる過程を見ると、神経細胞がどんどん増加しながら、その位置に応じて機能を枝分かれさせていく。まず身体の背中側に、神経管と呼ばれる中空の管ができる。その前方に3つの膨らみができて、それがやがて「前脳・中脳・後脳」へと育っていく。感覚について大雑把に見ると、前脳では嗅覚、中脳では視覚、後脳では接触や聴覚を担当することになる。

ミミックオクトパス
(Wikimedia commons)

生命維持の基本的な機能を担うのが、後脳(菱脳)だ。ここから枝分かれしてできる「延髄」は、心拍・呼吸・反射など身体の自律的な動きを司っている。また後脳からもう1つ枝分かれしてできるのが「小脳」であり、運動に関する中枢となる。小脳は外界が一瞬後にどうなっているかを予測して、運動を誘発する。

魚は後脳がよく発達しているので、水の振動や外敵の影にぱっと素早く反応することができる。ピアニストやスポーツ選手が電撃的なほど俊敏な動きをすることができるのも、小脳を中心とする中枢の制御のおかげだ。

脳の3つの膨らみのうち真ん中にある中脳は、感覚器からの入力信号を中継する。中脳の中で特に重要な部分を「視蓋」と言い、浅い部分の層と深い部分の層がある。浅い層は、眼から来た視覚の情報を処理する。また深い層は、耳から来た聴覚、皮膚から来た触覚、三半規管から来た平衡感覚などの情報を処理する。中脳はこれらの感覚情報を総合して前脳に送ったり、後脳や脊髄にフィードバックして運動を制御したりする。

3つの膨らみのうち一番前方にある前脳からは「間脳」と「大脳半球」が枝分かれする。間脳にある「視床」は、中脳から来た感覚情報を元に運動を細かく制御する。その下の「視床下部」では、ホルモンや自律神経によって身体の恒常性を維持している。視床下部にある視交叉上核やその上部にある松果体では、日周リズムを作る。間脳は、身体の自律性を支えていると言えるだろう。

そして一番外側を覆っているのが、大脳半球だ。私たちの感情や判断を司る脳である。大脳半球の「辺縁系」という部分で快・不快・怒り・恐怖などの感覚や記憶を司る。外側の「大脳皮質」は層構造になっている。その一番外側の新皮質は哺乳類だけにあり、ヒトでは計画や意欲さらには言語まで司っている。

このように脳は、最初は3つの膨らみだったものがいくつもの塊となり、そこに層や柱状のものができて、何重にも構築されてできあがっていく。その過程はあまりにも複雑でまだ十分に解明されていないところが多いものの、それ自体が1つの壮大な樹状分岐であることは、間違いないだろう。

10　カラスの脳は、文化や言葉を作り出した

近くの公園の緑地などで鳴き交わしながら我が物顔で暮らしているカラスたちは、都会生活に適応してますます繁栄している。実は鳥類の中で最も賢いのはカラス科の鳥たちなのだ。渡り鳥は何千キロもの旅をして、人間から見ると大変な能力を持っているように見える。しかしそれは、先天的に刻み込まれた本能に従って行動しているところが大きい。これに対して、冬も同じ場所で過ごす留鳥は、秋の実りを蓄え冬に備えるというように、頭を使わなければならない。

カラスの脳の神経細胞は2・3億個。ニワトリの7倍以上もある。哺乳類のネズミよりも多い。体重が軽いのに脳は10グラムある。ニワトリは体重が重いのに脳は3グラムだ。カラスやカケスは食料を100か所以上に分散して隠しておく。それを覚えているだけではなく、傷みの早いものは早めに食べる。つまり時間的な前後関係まで記憶しているわけだ。また仲間が隠した食料の場所も覚えている。逆に食料を隠すところを仲間に見られていると、後で隠し直す個体もいる。

巣造りをするときも近くに何か所も造って、偽の巣を造ることがある。道路に木の実を置き車に轢かせて割らせるのは、親や仲間がやっているのを見て習う。ニューカレドニア諸島のカラスは、木の枝や葉を使って木や土の穴に潜む昆虫を釣り上げる。この道具も、幅広のもの、細くてシャープなもの、段々になったものなど地域ごとに異なっている。いわば地域文化があるのだ。

カラスは鳴き声を聞き分けて、個体識別をする。伴侶も分かれば、敬う相手も分かる。いくつかの言葉を持っていて、仲間とコミュニケーションする。

さらに他の鳥にない能力もある。カラスは雪で覆われた屋根を滑って遊ぶ。鳥籠に閉じ込められると退屈して苦しむ。意地悪した人間の顔を何年も覚えている。仲間の喧嘩の仲裁をする。死んだ仲間のまわりに集まって、弔うように飛び跳ねる。

また、カラス科のカササギは、鏡に映った像を自分だと認識することさえできる。鳥も私たち哺乳類と同様、高度な認知力を持っていることは間違いない。

神経管にできた3つの膨らみが前脳・中脳・後脳となっていくことは、脊椎動物全体で共通している。しかし鳥類と哺乳類では双方の祖先が2つの幹に枝分かれしていったので、脳もその後の発生の仕方が異なっている。

鳥類は昼間に活動し空高くまで飛翔して外界を見渡すので、視覚の中枢である中脳を特別に発達させた。鳥の眼が良いのは、中脳を肥大させてフルに使っているからだ。中脳の背側の部分で、外界の地図を描いているものと考えられている。もっとも鳥にとっても前脳は重要であって、子育てや餌の貯蔵をする際の記憶や判断は、前脳が司っている。

哺乳類の脳では層が重なり合っているのに対して、鳥の脳はあちこちに小さな塊があってそれが連結し合っている。鳥には哺乳類のような大脳皮質がないため、以前は鳥の認知力は粗末なものと考えられていた。しかし、脳の中の塊が連絡を取り合うことによって、哺乳類と同等の認知の作用をしていることが次第に解明されてきた。

アイリーン・ペパーバーグが飼育していたヨウムの「アレックス」は、カラス科以上に賢くて、霊長類並みの知能を持っていた。その訓練されたヨウムは、100語以上の英語と6までの数字を理解し、言葉を発声してコミュニケーションすることができた。このヨウムは、飼い主に様々な要求を行った上に、既存の単語を組み合わせて新しい言葉を作ることさえできたと言う。

11 脊椎動物・タコ・昆虫には、意識の神経基盤がある

2012年7月、英国ケンブリッジ大学チャーチヒル・カレッジにおいて、認知神経学・神経生理学・神経解剖学などの国際的な専門家のグループが集まって、「意識に関するケンブリッジ宣言」を発出した。この宣言では、「ヒトのような大脳皮質がなくても、動物は情動を経験することができる。哺乳類、鳥類そしてタコを含む多くのほかの動物も、意識を生み出す神経基盤を備えている」とされている。獣、鳥、タコなどには、意識があると言うのだ。

その根拠として、①脳の神経回路はヒトとヒト以外の動物で類似していること、②大脳皮質がなくても動物は快・不快などの感情を経験すること、③鳥には大脳皮質がないにもかかわらず、哺乳類と似た認知を行うこと、④神経を攪乱する薬物を投与すると動物も行動に混乱を生じること、という4点が挙げられている。

それでは、「意識」とは何なのだろうか。私は以前に、「意識とは私たちが覚醒したときに持ってい

る何かに集中した心的状態」だと言っておいた。ケンブリッジ宣言では意識の特徴として、「何かに注意をすること」、「睡眠を取ること」、「何かを判断すること」の3つを挙げている。そして重要なのは、そうした状態ができるようになる神経基盤は、タコや昆虫など無脊椎動物であっても持つものがいると言っていることだ。

私たちにつながる脊椎動物の幹では、意識はどのあたりで生まれてきたのだろうか。ごく初期のアゴのない魚のグループに、ヤツメウナギがいる。トッド・E・ファインバーグとジョン・M・マラットによると、意識というものはヤツメウナギのあたりで発生してきたということになる。

それ以前のナメクジウオなど脊索動物は、脳はあっても極めて小さくて、感覚の種類も少ない。これに対してヤツメウナギでは、脳が前脳・中脳・後脳と専門分化し、感覚としては視覚・嗅覚・味覚・触覚・聴覚・平衡感覚ができている。とりわけレンズがあって映像を結ぶ眼ができた。こうした感覚を総合して、「遠距離感覚」が理解できるようになったと言う。脊椎動物は哺乳類や鳥類だけでなく、初期に登場した魚を含めて、すべて意識があると言ってよいことになる。

脳神経系が発達して網目状に複雑な連絡を作り、ある時点で3次元空間の感覚ができた。それが意識というものなのだろう。つまり意識は昆虫・タコ・脊椎動物というように、枝のそれぞれの先で何度も発生したのだ。

しかし脳なしでも生物たちは、十分にやっていくことができる。陸地の支配者である植物たちには、脳はない。海洋の支配者である単細胞プランクトンたちにも、脳はない。彼らは細胞と細胞が対話したりネットワークを組んだりすることによって、十分にみごとに適応し行動している。脳のある生物の方が、実は少数派なのだ。プラナリアは身体の真ん中から切断されても、下半身だけで生きていき、中枢神経のある上半身を再生する。

するとは脳とは、いったい何なのだろうか。

頭部を切断された動物がしばらくは本能的な行動をするのだとしても、脳なしでいつまでも元気でいるわけではない。身体の調節ができなくなって、やがて全体の機能が停止してしまう。そもそも脳のすぐそばには口や感覚器があり、それを使って摂食しなければ動物は生きていけない。したがって脳は、外界と身体内部に対する認識を総合化して、身体全体を調節するための専門家集団なのだと考えることができる。

細胞と細胞の対話だけでも、ある程度の調節はできる。しかしそこに神経細胞という専門家が加わると、調節の程度はぐっとレベルが上がる。

この「調節」ということが、生物の探索行動にとって重要なことは言うまでもない。調節のできる範囲が広ければ広いほど、主体的にものごとを選択する自由度は高まる。脳が登場し、やがて意識が登場するのは、この選択の自由度が飛躍的に高まっていくということにほかならない。

私はあるとき水族館の水槽で、巨大なタイワンドジョウを観察していたことがある。水槽の中には、餌として生きた小魚が入れられていた。ドジョウは、小魚に襲いかかる。しかし、小魚は当然のことながら、食べられまいとして逃げ回る。ドジョウが何度襲いかかっても、小魚はみごとに身を翻して、するりと逃げてしまう。いつまで見ていても、追うものと追われるものの戦いが続いていて、終わることはないのだった。

魚など捕食動物は、最初のうちは獲物を取るのが下手だ。しかし経験を繰り返すうちにだんだんと敏捷さを増し、動きも精緻になっていく。探索行動によって、脳神経系が調節されていくのだ。次いでその経験を踏まえて、身体の造りが調節されることもあるだろう。やがて個体が樹状分岐する中で新たに「運河化」していけば、その生物は進化していくかもしれない。脳や意識というものは、そうした樹状分岐の枝の先で、探索行動の自由度を著しく高めたものだと言えるだろう。

第7章 探索行動が生物進化の原動力

子供の頃、私はカニたちにも気の毒なことをしてしまった経験がある。それは川の上流の渓谷などにいる小さな灰色のサワガニだった。父と2人でサワガニを見つけた私は、10匹ほども捕獲して家に持ち帰った。飼育して、観察するつもりだった。

ちょうど家には大きめで底の広くなった透明なガラス瓶があったので、とりあえず私はカニたちをそこに入れて、逃げられないように蓋をした。空気が通るように、蓋にはいくつもの穴を開けておいた。小さなカニたちは、瓶の中でがさがさごそごそと、一晩中動き回っていた。

そして翌朝見てみると、大半の者たちは脚もばらばらになって死んでいた。2匹のカニだけが生き残っていたものの、こちらも脚を何本かもぎ取られていた。空腹のためだったのか苦し紛れのためか、カニたちは共食いの闘争をし、一夜にしてほぼ全滅してしまったのだ。

カニがこれほど大食いで共食いも辞さない凶暴な動物だとは、そのときまで私は知らなかった。そして狭い場所に過密に閉じ込められた動物たちがどれほど凄まじい闘争をするのかを、私は目の当たりにしたのだった。

生存競争。適者生存。これがダーウィンが描いた自然の姿だった。しかし私に捕えられたカニたちが生存競争の食い合いをしたからと言って、それは適者生存を示しているものではない。なぜなら生き残った2匹のカニも、脚がもぎ取られたまま、しばらくして死んでしまったからだ。カニたちは全滅した。

これは生存競争というような話ではなくて、私に捕まってしまったカニたちは、単に運が悪かったのだ。運が悪い中でも何とかして生き延びようとして、共食いという熾烈な探索行動をした。

生物の歴史を振り返ってみても、適者が生存したというよりも、天変地異などの運・不運に見舞われて、偶然に生き残ったものが、その後の始祖になったというケースは非常に多い。あなたも私も、偶然に大絶滅を乗り切ったものたちの子孫なのだということは、疑いない。

結局のところ、生物たちが根本的に持っているのは、生き延びようとする主体的な認識であって、それが運・不運に遭遇したところで探索行動となる。その探索行動が狭い環境の中でぶつかり合っている場所では、闘争として見えるということではないだろうか。

1頭の獣は地面に倒れて、やがて腐敗し、長い時間をかけて土に還っていく。その過程では膨大な種類の細菌が、次々と分解のリレーを行っていく作業が必要だ。これはいったい競争や闘争と言えるのだろうか。生物たちの協調・協力と言った方が適切なのではないだろうか。

1　共生と寄生は同じもの、捕食と寄生も同じもの

ゾウリムシの身体の中に、ホロスポラという細菌が棲んでいる。この細菌は宿主のゾウリムシが元気なときは、宿主の活力を増す化学分子を分泌する。するとゾウリムシは分裂・増殖するスピードを上げる。このときホロスポラも増殖して、たくさんの子孫を生み出し、たくさんの宿主に移住していく。一方、ゾウリムシが老化したり、食料が乏しくて衰弱してきたときにはどうするか。ホロスポラは毒物を分泌して宿主を殺害してしまうのだ。ホロスポラはゾウリムシの身体から脱出して自由の身となり、新たな宿主を探す旅に出る。このような生活様式を持ったホロスポラは、ゾウリムシにとって共生者なのだろうか、寄生者なのだろうか。

共生と言い寄生と言っても、2つの生物の間の利益がちょうど半々となるようなことはめったにない。この2つの概念の間に明確な境界はない。求心力が強く働くときは共生となり、遠心力が強く働くときは寄生となる。

生物の共生関係としてよく知られているハキリアリとキノコの関係を見てみよう。ハキリアリは南北アメリカ大陸にいるアリで、植物の葉をみごとな形に切り取って、それを大挙して掲げながら、せわしなく行列して巣に運ぶ。1つの巣に800万匹のハキリアリが集団で暮らしている。巣穴に運び込まれた葉は、地下にある直径30センチメートルほどの農場で、キノコを栽培するのに使われる。ハ

キリアリは農場にキノコの菌糸を植えつけて、世話をする。水分を持ってきたり、雑草を引き抜いたり、細菌に侵されないよう清潔を保ったりして、忙しく働く。

そしてキノコの菌糸が伸びていっぱいになると、キノコを収穫して食料にする。キノコの方は、丸ごとアリに食べられてしまうだけだ。これはいったい共生なのだろうか、寄生なのだろうか。

ところがキノコはハキリアリの専用種に特化してしまっていて、アリがいなければ細菌や雑草に負けてしまい、生きていくことができない。子実体や胞子を作ることもやめてしまったので、アリがいなければ増殖することさえもできない。アリとキノコの相互作用が、この地点でバランスしたのだ。

ハキリアリの方も、キノコのおかげで特殊化した。仕事が複雑なので集団の中で役割分担が進行して、実に50もの専門職に分化したのだ。葉を切って運ぶアリ、それを守る兵隊アリ、道を整備するアリ、キノコを栽培するアリなどが、それぞれ専門の仕事を担当している。これらはみな同じ母から生まれた同じ遺伝子を持つ姉妹たちだ。それはまるでヒトの身体で、たくさんの種類の細胞が専門職に分化しているのに似ている。

クマノミとイソギンチャクの関係を見てみよう。クマノミは小さな魚だ。イソギンチャクのうねうねとした長い触手の森の中に入れてもらって、数匹で暮らしている。大きな身体のクマノミが2匹、小さな身体のものが数匹いて、親子の家族のように見える。しかし彼らは家族ではなくて、本能に導かれてイソギンチャクに近寄ってきた全く他人の集団である。

イソギンチャクは魚が来ると毒針を噴射し、魚を捕えて食べる。ところがクマノミは体表から特殊な粘液を出しており、それに触れるとイソギンチャクはおとなしくなって攻撃をしない。クマノミを襲おうとする魚はイソギンチャクを恐れて近づかないので、クマノミは守られている。クマノミはおとりとなって付近を遊泳し、魚に襲われそうになるとイソギンチャクの中に逃げ込む。それによってイソギンチャクに獲物を与えているのだ。

イソギンチャクの触手を食べに来るチョウチョウウオのような魚もいるが、これはクマノミが追い払う。またクマノミに付着する寄生虫やクマノミの排泄物も、イソギンチャクの食料となる。ここまでは、うるわしい協力関係だ。

ところが食料が乏しくなってくるとどうするか。クマノミは、イソギンチャクの身体をちぎって食べてしまうのである。クマノミにとってイソギンチャクは、住居であると同時に巨大な食料でもあるわけだ。この関係もまた共生でもあり寄生でもあると言えそうだ。

捕食と寄生という概念も同様で、厳密には区別ができない。食べる者が食料よりも大きい場合を捕食と言い、逆に小さい場合を寄生と言っているだけだ。大きなイソギンチャクを食べるときのクマノミは、捕食者でもあり寄生者でもあると言えそうだ。こうした概念は、いずれも人間が区分をするため便宜的に作ったものであって、実際の自然界は連続していて、境目など存在しないのだ。

共生と寄生、捕食と寄生の区別がないのだとすると、寄生という言葉でくくってしまうこともできる。ガイ・マーチーは、次のように表現した。

「ウイルスは細菌の寄生者であり、細菌はある種の非常に小さなダニの寄生者で、そのダニがシラミの寄生者で、シラミはダイサギの寄生者で、そのダイサギはウシの寄生者で、ウシは人の寄生者で、人は地球の寄生者で、地球は太陽の寄生者で、太陽は天の川の寄生者で、天の川はまたおとめ座超銀河の寄生者でという具合に、中国の入れ子式の箱のようにそれぞれの宿主はその寄生者より大きく、原子の心臓部から宇宙の果てまで、はるばるとこのような自然の連鎖あるいは階層秩序ができているのである。」(『生命の七つの謎』ガイ・マーチー、吉松広延ほか訳、白揚社)

生物たちの相互作用には階層があって、それぞれの場所で生物が認識力を発揮し、探索行動を行っている。このために求心力と遠心力のせめぎ合いが起こり、生物の複雑なネットワークに微妙な変化を起こしているのである。

2 遺伝子とは別に細胞質が丸ごと遺伝する

私たちは生物界が競争ばかりではないこと、生物は受動的に選別されるばかりではなくて能動的に探索行動していることを見てきたが、ここでそれらが遺伝子の突然変異とどのように関係しているのかを見ていくことにしよう。

私たちは20世紀を支配した「遺伝子万能主義」の考え方から脱しつつある。そうした新しい潮流をもたらしている様々な事実を見ていこう。

T・ソンネボーンは、既に20世紀の後半、ゾウリムシが遺伝子を介在させなくても細胞質によって遺伝を起こすことを発見していた。5000本もの繊毛を持っているゾウリムシの中には変わった個体がいて、メロンのような縞模様のものがいる。特定の列の繊毛が逆向きに生えているためだ。その縞模様は、子孫に遺伝する。ソンネボーンは通常のゾウリムシの繊毛を1本1本抜き取って、逆向きに植えつけてみた。人工的に縞模様を作ったのだ。すると子孫は、すべて縞模様になった。遺伝子はそのままなのに、細胞レベルの変化が遺伝したのだ。

ほかにもゾウリムシに細胞質の遺伝があることを、ソンネボーンは発見した。天敵が近づいて来たとき、ゾウリムシは無数の針のような毛を発射することがある。天敵に対して毛を発射する個体と発射しない個体があり、これはゾウリムシが有性生殖をしたときの栄養状態で決まる。栄養状態が良ければ毛を発射する個体ができる。飢餓であれば毛を発射しない個体ができる。そしてそれは、その後に分裂してできた子孫にも遺伝する。

親から子へと相続されるのは、ゾウリムシの例からも分かるとおり、遺伝子だけではない。何よりも大事なのは、細胞そのものが受け渡されることである。ゾウリムシのように単細胞ではなくて、複雑で巨大になった生物であっても、少なくとも生殖細胞は必ず丸ごと次の世代に受け渡される。

特に卵細胞は大きいので、重要な情報が多く含まれている。たとえばショウジョウバエの卵細胞には、遺伝子のほかにビコイドとナノスという物質（ＲＮＡ）が含まれていて、これが身体の前後の軸を決める。卵細胞の中でビコイドが高濃度に含まれている方向が、次世代の身体の前方になる。ナノスが高濃度に含まれている方向が、後方になる。どちらが頭でどちらが尾になるかといった人生の重大事が、遺伝子ではなくて母からもらった物質によって決定されるのだ。

細胞内の小器官も、生殖細胞の中に入っていて、核の遺伝子とは別に丸ごと相続される。動植物の細胞のミトコンドリアや葉緑体は、卵細胞から受け継がれて母系遺伝する。一方、動物細胞の中心体は、精子から受け継がれて父系遺伝する。もしもこれらの要素に変化が生じた場合は、どうなるのか。たとえ核の遺伝子に変化は生じていなくても、個体には変化が生じうるのである。

遺伝子とは別に生殖細胞によって受け継がれるものは、ほかにもある。1つは細胞膜だ。あらゆる生物は細胞膜によって外界と内部とを隔てているだけでなく、細胞膜は外界との交流装置である。細胞膜は脂質が二重になり、その表面や内部に多数の複雑なタンパク質が埋め込まれた精妙なものだ。その構造を使って、外界の信号を認識したり、栄養物を取り込んだりする。

この細胞膜は、遺伝子の情報だけでゼロから構築されるというものではない。親の生殖細胞が持っていた膜が、そのまま子に引き継がれるのだ。そして真核生物の細胞膜は、じっとしていないで細胞の内部に入り込んで切れ、動き回る。

まず細胞膜は、その表面で食物をポケットに入れるように包み込んで、細胞の内側にくびれて分離する。膜で包まれた袋のようになって、食物の輸送装置となるのだ。細胞の内部の膜からできた小球は、他の小球や小器官の膜と合体したり、分離したりしながら、動き回る。そして最終的には再び細胞膜に戻って合体する。細胞内をぐるぐると循環する膜だけでも、生きているもののようだ。

細胞膜はかつて生命の歴史上一度だけ発生し、それが連綿と伝えられて現在に至っているものと考えられる。膜を作る小器官は枝分かれした細い管で、「小胞体」と呼ばれる。小胞体は、遺伝子からの情報だけでゼロから作り出すことはできない。小胞体自身かその装置を含む膜がなければ、新しい小胞体は作られない。この膜は、親から子へと細胞質を通じて直接に手渡される。このように細胞膜もまた、遺伝子と同様、親から子への重要な相続物なのだ。

「細胞骨格」もまた、遺伝子とは別に遺伝する。細胞骨格というのは、タンパク質でできた細い紐である。ゾウリムシやタイヨウチュウのところで見た「9＋2」構造の管状の紐を思い出そう。そのような太い管（微小管）があるだけでなく、もっと細い繊維（中間径フィラメント、微小繊維）もあって、真核細胞の内部は多数の繊維が縦横に走っている。繊維は硬さを持つので骨格として細胞に張力を与え、骨組みとなって細胞の形を作る。また細胞骨格の繊維が伸びることによって、細胞は形を変えて運動する。

細胞骨格は、細胞内部の構成員をつなぐ道路でもある。膜や小器官の間を接続していて、その道路の上に沿って小球が運ばれていく。もっとも道路と言っても、平面上を通るだけの道路ではない。水に満たされたドームのような細胞という都市の中で、上下左右に自在に走っている立体的な道路なのである。

この細胞骨格が、親から子へと相続される。たとえば、植物のセルロース繊維の並び方には細胞骨格の秩序が影響している。細胞骨格の並び方が変われば、植物の体表模様は変化しうる。

巻貝の巻き方を見てみよう。巻貝の胚が分裂するとき、初期の時点で分裂するための紡錘状の糸がわずかに右に歪んでいたら、右巻きの貝殻ができる。反対にわずかに左に歪んでいたら、左巻きになる。紡錘状の糸がどちらに偏るかという情報は、卵細胞の中にある細胞骨格から来ている。つまり巻貝の巻き方は、細胞骨格の母系遺伝によって決まるのだ。

細胞骨格は、細胞内部で成分を作る際の足場となり、細胞が分裂するときにくびれていく位置や方向も決める。ゾウリムシの繊毛やタイヨウチュウの触手は、細胞骨格が外部に出ていったものだった。しかし細胞が外に向かって構築するのは、毛や糸ばかりではない。細胞の分泌物は、絨毯のようなマットとなる。

その細胞外のマットは微細な構造が繰り返されてみごとな織物となる。多糖類とタンパク質を織り交ぜれば、ふわふわあるいはねばねばしたものになる。またカルシウムやキチン質で作れば、硬くてつるりとしたものになる。

細胞外のマットが並ぶ方向や配列の多くは、細胞骨格が決める。マットが殻や骨といった硬い組織となれば、化石となって残る。分泌物の織物は、骨、貝殻から魚の鱗やクモの巣、チョウの鱗粉、さらには獣の体毛となった。私たちの身体でも、骨や歯から始まって髪の毛、爪、体毛など、生きている細胞以外の部分はすべて細胞外の分泌物だ。

細胞骨格そのものは、遺伝子とは別に遺伝する。自然界に多彩に展開しているマットの配列には、母の卵細胞からそのまま相続した細胞骨格の記録が、何らかの形で関わっているのである。

3　遺伝子はスケジュール表であって、生きているのは細胞

さてそれでは、遺伝子とはいったい何なのだろうか。間違えないようにしなければならないのは、遺伝子は情報源として極めて重要な構造物ではあるものの、生命そのものではないことだ。情報とは、あくまでも記号なのである。遺伝子を構成しているのは核酸（ＤＮＡ）であり、ＤＮＡは糖質とリン

酸と塩基でできた比較的単純な有機物だ。それらを組み合わせれば、人工的に製造することもできる。

遺伝子が持っている情報というのは、膨大で複雑なものではある。しかしそれは飛び飛びに記録された非連続の記号であり、連続して継起し続ける生命活動の一部分にすぎない。

遺伝子は、タンパク質を合成するための指令書である。それは、記号の集まりであって、細胞の生きた生活そのものではない。たとえて言えば、細胞が生きた人間だとすれば、遺伝子はその人の精密な「スケジュール表」のようなものだ。細胞は現実の生活に対処するために、スケジュール表を読み込んで活動をする。そして分裂・増殖するときには、スケジュール表をコピーして次世代に渡す。コピーをするときにときどきミスが起こるので、このスケジュール表も長い歳月を経るうちに少しずつ変化していくというわけだ。

２００３年に完了したヒトゲノム・プロジェクトは、遺伝子万能主義を加速させたもののように見える。しかし、実際はむしろ遺伝子万能主義を終焉させることにつながったものと、私は考えている。

それ以前は、ヒトのタンパク質は約10万種類なので、その合成指令書である遺伝子の方も、10万種類程度あるものと考えられていた。ところが誰もが驚いたことに、遺伝子は約2万２０００個しかないとされたのだ。２万２０００種類の遺伝子から、いったいどうやって10万種類のタンパク質が生まれてくるのか。

それは、遺伝子の側だけに情報があるのではなくて、細胞の側にも「読み取り系」とでも言うべき情報があるからだとしか考えられない。遺伝子にすべてが書かれているのではない。１つの遺伝子は、何通りにも読み取られているのだった。

遺伝子から書き写された情報の紐（mRNA）は、既存のタンパク質たちによって切ったり貼ったりされて、何種類もの紐に仕上げられる。その紐を読み取って、製造所リボソームで何種類ものタンパク質が合成される。いったん合成された新しいタンパク質も、製品化するに当たっては、糖の印をつけたりリン酸化されたりする。切断されることもある。複数のタンパク質が組み合わせられることもある。このようにして1つの遺伝子からでも、何種類ものタンパク質が作られるのだ。

また細胞内には、これまで知られていた核酸ＲＮＡ（ｍＲＮＡ、ｔＲＮＡ、ｒＲＮＡ）のほかに、多種多様なＲＮＡが存在して、しかもその量も膨大にのぼることが判明してきた。こうしたＲＮＡの様々な断片が遺伝子の読み取りを調節していることが徐々に明らかになりつつある。

遺伝子配列だけでも極めて複雑なものであるものの、それはゲノム全体の2パーセントであって、ごく限られた領域にすぎない。今やこれに加えて、タンパク質の合成指令ではないＤＮＡ配列（非コード配列）や非コードＲＮＡといった未知の巨大な大陸が浮上しつつあるのだ。

それではいったい誰が、こうした情報を読み取って解釈しているのだろうか。それはほかでもない、細胞自身なのだ。細胞は人間にとって未知の道具さえもみごとに利用して、精緻で複雑な秩序を保っているのだ。

たとえば最も単純な生物である大腸菌であっても、自分自身の生理状態を知っている。自分を引きつける有機物があると、そちらに向かっていこうという気分になる。自分を害する毒物を検知すると、そこから逃げようという気分になる。

大腸菌にあるのは、「主体的な認識」なのだと言ってもよいだろう。これは、自分の内部状態に対する認識でもある。細胞が飢餓や水不足のストレスなどを認識することによって、内部でスイッチが押されることとなり、それを契機として遺伝子が読み込まれるものと考えられる。

大腸菌にブドウ糖を与えないで乳糖のみで培養した場合を見てみよう。ふだんの大腸菌はブドウ糖の分解酵素しか持っていないので、乳糖だけになると消化することができない。このため飢餓になり、その信号が身体の中で伝達される。その信号伝達役を担っているのが、例のキャンプ（C－AMP）である。「乳糖でキャンプしよう」とささやくわけだ。するとスイッチが押されて分子のドミノ倒しがスタートし、その結果、乳糖分解の遺伝子を読み込めるようになる。そして、乳糖分解酵素のタンパク質が作られて、大腸菌は生き延びるのである。

このように細胞は外界や内部の状態を認識して、ドミノ倒しをスタートさせるスイッチを押す。分子たちはそこからリレー式に信号を伝達していく。そしてある分子が核の中に入り込んで、遺伝子に結合する。するとそこが起点となって、別のドミノ倒しが始まる。遺伝情報を写す紐を作ったり、それを切ったり貼ったり、タンパク質を合成したりと、分子たちの新たなドラマが始まるのだ。

4　遺伝子は水平移動や重複によっても攪乱される

平均的な細胞は、1日に1回程度の速度で分裂して増殖する。このとき長大なDNAの記録を書き写して2つの細胞に分配する。その転写の仕組みは精緻なものなのだが、それでも10億文字に1文字程度はコピーミスが生じる。コピーミスが遺伝子上で起こると、遺伝子の突然変異が生じることになる。

しかし遺伝子の変異が起こるのは、こうしたコピーミスばかりが原因ではない。遺伝子そのものが、ある生物から別の生物へと飛び移ることもある。こうした「遺伝子の水平移動」は、原核生物の世界ではかなり頻繁に起こっている。大腸菌が他の個体と接合して、遺伝子を注入した事例を思い出してみよう。細菌はこうやって、毒性や薬物抵抗性を他種の細菌に移行させることができる。

このように個体から個体へと遺伝子が水平的に移動する現象は、稀には多細胞生物でも起こる。私たちヒトの遺伝子にも、細菌からやってきたと見られる遺伝子が２００個以上発見されている。どうやって移動したのかというと、それはウイルスが媒介したものなのだ。

ウイルスは、核酸とタンパク質でできた化学分子の結晶のようなものであって、ＤＮＡやＲＮＡといった遺伝情報の切れ端である。おそらく太古の昔、まだ生物のゲノム秩序が確立していなかった時代には、ＤＮＡやＲＮＡの様々な切れ端が飛び交っていたことだろう。また何らかの理由によって、既存の生物から飛び出して来た切れ端もあっただろう。それが様々に変化し洗練されてウイルスとなり、今日でも飛び回っているというわけだ。

結晶のようなものなのだから、ウイルスは生物とは違って代謝も増殖もしない。大きさだけ見ても、それは細胞とは全く違うものだということが分かる。細菌の大きさは、私たちの体細胞の１０００分の１ほどの体積である。これに対してウイルスは通常、細菌よりもさらに１０００分の１ほどの微小さである。仮にウイルスがヒトの大きさだとすると、ヒトの身体は、なんと地球よりも巨大なものになってしまうのだ。

ウイルスは、そこら中の外界を飛び回っている。ウイルス自体は細胞ではないので、宿主の細胞の中に入り込まなければ増殖しない。細胞には生物としての「主体的な認識」があるのに対して、結晶にすぎないウイルスにはそれはないはずだ。むしろ宿主の細胞の方に主体性があって、ウイルスという間違った記号を注入されたために、細胞が間違った活動をしていると考えるべきなのだろう。

感染した細菌が死んで壊れたときなどに、ウイルスが細菌の遺伝子の一部を掴んで外に飛び出すことがある。それがめぐりめぐって脊椎動物に感染し、生殖細胞の遺伝子の中に入り込むことが過去に起こったのだと考えられている。

ウイルス自体の特性が、生物に重要な変化をもたらすこともある。東京医科歯科大学の石野史敏らは、哺乳類が胎盤を持ったのは、ウイルス感染を起源として胎盤形成に必要な遺伝子（Ｐｅｇ－10）を獲得したためだったということを発見した。ウイルスは、宿主の免疫を抑制する能力を持っている。人体に感染したことによってその能力が胎盤にもたらされた。それによって胎児が母体に「寄生」することができるようになったのだ。

実はウイルスの影響は、これよりもさらに甚大なものだと言うことができる。ヒトのゲノムには６０００から８０００文字で反復している箇所が85万か所、数百文字で反復している箇所が１５０万か所あって、合計するとゲノムの実に34パーセントにものぼる。レトロトランスポゾンと呼ばれるこうした塩基配列の起源は、ウイルスの断片としてＤＮＡの中に挿入されたものだったと考えられるのだ。

こうなると遺伝子が偶然のコピーミスによって変化するとばかりは言っていられなくなる。生物界の中で遺伝子そのものが飛び回ることとの影響がどれほど大きなものになるのか、まだほとんど解明されていないからだ。

さらにコピーミス以外で遺伝子が変化する方法として、もう1つ別のタイプのものがある。それは、「遺伝子の重複」である。DNAを複製すると、DNAの集まりである染色体の数も2倍になる。そして1つずつが、減数分裂の後のそれぞれの生殖細胞に分離していく。ところが何かのはずみで染色体が分離せず、2つがくっついたままで1つの生殖細胞の中にとどまってしまうことがある。

染色体が2倍になってしまった生殖細胞は、通常は生殖ができない。合体する相手がいないからだ。ところが稀にではあるものの、精子と卵細胞の両方ともに2倍体ができてしまったというケースが起こりうる。この場合は、合体することができて、受精卵は4倍の染色体を持つ。発生する個体は、4倍体である。

こうしてできた子孫は、元の2倍体の種と交配することができない。しかし、4倍体同士でなら交配することができる。このため、4倍体のオスと4倍体のメスが交配すると、ほんの2世代で新種が枝分かれすることになる。

このような「遺伝子重複」の現象は、実は植物の世界では、かなりの頻度で起こっていることが分かってきた。被子植物の約70パーセント、シダ植物の実に95パーセントが遺伝子重複を起こしていたのだ。植物は近親交配することが多いため、このような現象が起こりやすかったわけだ。

植物ばかりではない。脊椎動物でも、遠い祖先に比べてゲノム全体が重複する事件が、実は過去に2度起こっていた。これは極めて特殊な条件下で、偶然に起こった事件だったことだろう。しかしこの事件は、生物界に新しい幹をもたらすこととなった。脊椎動物は祖先に比べて4倍の遺伝子を持つこととなり、複雑で多様な身体を様々に発展させていく余地ができたのである。

さて「遺伝子の水平移動」にせよ「遺伝子の重複」にせよ、読者はいずれも偶然の結果であって、生物側に主体性はないのではないかと考えられるかもしれない。確かに現象そのものは、偶然の結果であったに違いない。しかしそこに至るまで、あるいはそこに至ってからは、生物の探索行動が大きく係わっていることに着目してみよう。

たとえばウイルスに感染するか否かは、個体の行動によって異なるだろう。ウイルスに侵入されるか否かも、細胞の活力によって異なった結果となる。遺伝子が重複して2倍になってしまったときにも、同じ2倍になった異性を求めるかどうかは、個体の行動によって異なる。そして何よりも、水平移動してきた遺伝子や、重複した後で変異した遺伝子をつまみ出して使ってみるかどうかは、細胞の活動にかかっているのである。

5　親から子が相続するものは、階層になっている

ここで単細胞生物の世界で何度も出てきた合体生物について、思い出してみよう。単細胞生物は、合体を繰り返すことによって原核生物が真核生物となり、さらに真核生物同士も合体しながら著しい進化を遂げてきた。単細胞の真核生物の中には、合体に次ぐ合体を繰り返し7つのゲノムを持ってい

るものさえいた。

このように細胞が丸ごと合体して完全に1つの新しい生物になるといったことは、それほど頻繁に起こるわけではないに違いない。しかしそれによって生物界に革命が起こり、真核生物のように新しい幹がもたらされたわけだ。これは遺伝子の突然変異が先行したものではないだろうし、遺伝子が水平に移動したり重複したりした現象でもないだろう。

それは、生物と生物とが、お互いに自分の感覚と運動の能力を働かせて「食い合い」をしたことが先行している。その意味でそれは、探索行動なのである。

こうした歴史上の重大な事実に照らし合わせてみると、「遺伝子の突然変異があらゆるものに先行して起こる」というのは、今や旧時代の考え方にすぎないと言ってもよいものと思えてくる。

いずれにしても、分子レベルでの断片的な現象だけを見て、生きた生物のすべての現象を説明し切ろうとするのには無理がある。生物界が複雑なのは、何重にもなった相互作用するネットワークが絡まり合っていて、入れ子構造になっているからだ。複雑なものごとについては、階層的に考えなければならない。

この相互作用するネットワークについて、階層という観点から整理してみるとどうなるだろうか。そのネットワークは、そのまま親から子へ相続される。親と子は生殖細胞を通じて一続きのものだ。つまり、ネットワークを階層的に見るということは、親から子へ遺伝するものを階層的に見るということでもある。

第1に、相互作用するもののうち最も基礎的な階層は、細胞内部の分子ネットワークである。タンパク質や核酸をはじめとする各種の分子装置がドミノ倒しのように次々と反応を継起しながら、膨大な網の目のように連関し合っている。その動的な秩序の中で分子が循環する。遺伝子は豊富な情報量を持った分子ではあるものの、相互作用し循環する膨大な分子ネットワークという観点から見ると、その一部分を構成しているにすぎない。生殖細胞を通じて親から子に相続されるものというのは、遺伝子だけではなくて、こうした循環する分子ネットワーク秩序の全体なのだ。

相互作用するものの第2の階層を見てみると、それは分子レベルの上位にある小器官のネットワークである。細胞の内部では、ミトコンドリアや葉緑体あるいは小胞体など、何種類もの小器官が相互作用している。これらの小器官は、遺伝子とは別に生殖細胞を通じて親から子へとそのまま手渡されている。細胞膜や細胞骨格もまた、遺伝子とは別に細胞質を通じて受け継がれる。つまりこのレベルで見ておかなければならない重要なことは、生きた細胞が丸ごと親から子へ相続されるということだ。

そして細胞レベルで相続する様々な部品に変異が生じたとしても、生物体が変化し進化することは起こりうる。個体の探索行動の結果、部品に変異が生じる可能性があるわけだ。

第3の階層は、細胞同士のネットワークである。細胞と細胞は、信号を送り合い相互作用する。その信号というのは、物理的な接触刺激であったり、化学分子の分泌であったりと様々だ。電気信号を伝達する場合もある。細胞は、細胞膜の表面にあるアンテナ（受容体）で、その信号をキャッチする。

様々な事例で見てきたように、単細胞の生物同士でも、寄り集まったり協調行動を取ったりすることはある。しかし細胞同士の相互作用としては、多細胞体を構成する細胞たちの群体社会における協働行動が、最も重要で典型的なものだろう。

一方で細胞同士の相互作用としては、協調的なものばかりでなく、敵対的なものもある。細菌が宿主の細胞に感染したり、免疫細胞が細菌を撃退するようなケースがそれだ。これら様々な活動はすべてが探索行動であり、それによって個体の身体は変化することがある。

私たちだってたくさん食べ続ければ太るし、鍛え続ければ筋肉がつく。これも細胞たちのネットワークのなせるわざだ。水泳選手の指と指の間には、膜になった立派な水かきができることがある。私はそれを、オリンピック金メダル選手から見せてもらったことがある。努力の末獲得したこの水かきは、子孫に遺伝するというものではない。

個体が努力して獲得した変異は、子孫には遺伝しないというのが、20世紀の生物学の常識だった。ところが現在ではエピジェネティックな遺伝現象があることは確立され、個体の経験のうちある一定の部分は子孫に遺伝する場合があるということが判明してきている。ワディントンが実現して見せた二重胸のハエや横脈のないハエも、その1つの現れだったということになるだろう。

分子レベル・小器官レベル・細胞レベルと、3つの階層のネットワークが存在しており、それが相続されることを見てきた。しかし親から子に相続されるものは、実はもう1つある。

それは、「環境」だ。食料や気候など子がどのような条件の下で育つのか、周囲にはどの程度の仲間がいて、どのような外敵がいるのか、といった生物を取り巻く環境である。細胞レベルのネットワークの上にある第4の階層は「環境」であり、個体レベルでのネットワークと言ってもよいだろう。これは、親の身体の造りとは別のものだ。親がどこで産卵するかといったような探索行動によって決定され、子がそれを相続する。

相互作用するネットワークの階層

階層	相互作用しているもの	それが登場する生物	登場した時期
1 分子のネットワーク	タンパク質・核酸などの分子（遺伝子を含む）	原初の共通祖先（ＬＵＣＡ）	40億年前頃
2 小器官のネットワーク	核・ミトコンドリア・葉緑体・小胞体など	真核生物	20億年前頃
3 細胞同士のネットワーク	単細胞生物・多細胞生物の細胞同士（エピジェネティックな遺伝がありうる）	特に多細胞生物	15～10億年前頃
4 個体レベルのネットワーク	環境と個体（環境としては、生まれた場所、周囲の仲間・外敵などを含む）	あらゆる生物	40億年前頃

「遺伝子だけが遺伝のすべてだ」と考えることは、こうした何重にもなった複雑な階層構造を考慮に入れていないということになる。それどころか一番基礎のところにある分子のネットワークさえも、遺伝子という部分しか見ていないということだ。親から子に相続するものの変異は、あらゆる分子レベルでも起こりうるし、小器官レベルでも起こりうるし、細胞レベルでも起こりうる。そしてその上位の個体レベルでも起こりうるのだ。

生物進化の全体像である「生命の樹」というものは、生物界のすべての構成員を含み、生物の階層の中で最も上位にある包括的な樹状分岐である。したがって、生物の進化について考えるときは、その要因もまた階層的に存在すると考えておかなければならないだろう。そしていずれのレベルにおいても共通しているのは、そこには「偶然」という要因ばかりではなく、「探索行動」という要因が働きうるということなのだ。

6　性淘汰から美意識が誕生してきた

クジャクのオスは、多数の目玉模様のついたきらびやかに光り輝く羽を扇のように広げて、メスにアピールする。これは周囲の環境への適応とは関係がなくて、むしろ適応の観点からは邪魔でしかない。猛獣などに襲われたとき、逃げるという点では不利になる。また、これだけの立派な羽を作り上げるためのエネルギーのコストも相当のものだ。なぜオスは、これほど無駄と思えるほどの羽を作り上げなければならないのだろうか。

今日では、クジャクのオスがメスに対してアピールしているのは、健康状態なのだと考えられている。栄養が十分に足りていて寄生虫もいない健康状態でなければ、これほどの羽は作り上げられない。また捕食者から素早く逃げる能力が高くなければ、これほどの装飾品を維持することはできない、というわけだ。

メスにはその特徴を好ましいと感じる本能が刻印されている。私たち流に言えば「美しい」と感じるということかもしれない。ヒトが筋肉美を誇示したり、きれいな歌やみごとなダンスで異性にアピールしたりするのも、似たようなものだろう。

クジャクの場合はオス同士で羽の長さを競い合っているうちに、すべてのオスがみごとな羽を持つに至ったので、長さだけでは勝負がつかなくなった。そこで今度は、羽にある目玉模様の数の多さでアピールするようになった。目玉模様の数には個体差がある。メスはその数を一瞬にして判定する。148個と153個の差でも識別ができて、数が多い方のオスを選択する。それに加えてオスの鳴き声が大きいかどうかも、アピールに貢献していることが分かってきた。

周囲の自然環境によって生き残りが選択されるのではなくて、異性によって選択されることを「性淘汰」と言う。クジャクの羽ばかりではなくて、いくつにも枝分かれした立派なシカの角なども同様だ。ここで注目しておきたいのは、性淘汰にはオスとメスの感覚が前提となっているということだ。

広い外界の中にあって、オスとメスはどこかで出会わなければならない。このために一方が他方へと信号を発信する。信号にはクジャクのように視覚的なものの場合もあるが、動物によって匂いであったり音であったりと様々だ。カエルは低音で鳴いているオスの方が、メスに好まれる。「低音の魅力」というやつだ。

しかし信号を発するということは、天敵に発見されるリスクが高まることを意味する。信号を発信するのは、命がけの行動なのだ。このため鳥でも魚でも昆虫でも、多くの場合はオスの模様が派手で目立つ。オスは危険を冒してでもメスにアピールする役割を負うというわけだ。

これに対して産卵したり子育てしたりしなければならないメスの方は、目立たないでいるほうが、天敵に発見されるリスクが下がって有利となる。このため多くの場合、メスは地味な色合いをしているだけでなく、環境に溶け込むような隠蔽色になっていることも多い。

カイコガの場合は、メスの方が化学分子のフェロモンを発信する。こちらは匂いの信号である。オスはフェロモンの匂いを嗅ぎつけると、2キロメートル離れたところからでもメスに向かってやってくる。それは、オスの触角がフェロモンのわずか1分子だけでも感知できるようになっているからだ。このためオスは、風のまにまに遠くまで漂っているほのかな匂いを頼りに、あちらにひらひら、こちらにひらひらしながら、フェロモンの濃度の高い方を探索して、メスに近づいていく。ここでも、危険を冒すのはオスだということになる。

性淘汰においては、個体は異性によって受動的に選択されるばかりではない。自分の方からも、能動的に異性を選択するのだ。オスとメスの双方から能動的な探索行動が起こり、その力関係がバランスしたところで落ち着く。

実に回りくどい求愛をするものも多い。鳥や昆虫の多くの種では、歌を歌ったりダンスを踊ったり、贈り物をしたり、巣を作って見せたりする。交尾に至る前の段階で、求愛するための時間も努力もかなりのものを要する。このあたりは私たちヒトでも同じようなものだということは、ご存知のとおりである。

このように異性を魅力的だと見なすパターンは、種によって異なっている。そのパターンの感覚刺激に接すると、それぞれの種の脳神経システムの中で、快感（あるいは引きつけられる感覚）が発生するのだろうと考えられる。この快感刺激のパターンは、それぞれの種ごとに異なったものとして本能的に刻印されているのだろう。私たちにとって気味の悪い動物であっても、ムカデにはムカデの、ミミズにはミミズの快感刺激パターンがあるに違いない。そして動物の種と種が生殖的に隔離されているのは、このパターンの違いによるところも大きいだろう。

私たちヒトもまた本能として、特別の快感刺激パターンが刻み込まれているはずだ。それが他の種のパターンとたまたま一致することもある。このような場合にだけ、人間はその種の持つクジャクのような色彩や小鳥のような鳴き声を「美しい」と感じるのだろう。美とはエロスである、とはまさにこのことなのだ。

7　誤った選択や迷い子も探索行動のうち

アゲハチョウ（ナミアゲハ）の幼虫は、ミカン科の植物の葉を食べて育つ。ミカン科の木は、昆虫に葉を食害されないように毒物を作っている。しかしアゲハチョウの幼虫は、その解毒剤を持っている。逆に幼虫はミカン科ではない植物の葉の上では、葉を食べると解毒ができなくて死んでしまう。アゲハチョウとミカン科は、1対1で対応しているのだ。

ところがアゲハチョウの母親によっては、誤って別の植物の葉の上に産卵してしまうことがある。この場合、卵から孵化した幼虫たちは、その毒物を解毒することができずに死んでしまう。アゲハチョウの前肢には嗅覚の受容器があって、ここで葉の匂いを判定しているものと考えられている。葉の化学分子が似ている場合、母親は間違えてしまうことがあるのだ。

しかし母親がキク科のコスモスやキバナコスモスに誤った産卵をした場合、幼虫たちが生き延びることがある。幼虫たちは、餓死すまいともがき苦しんだあげくに、密かに持っていた別の遺伝子を発動させて、解毒剤を作ってしまったのだろう。そうやって生き延びた幼虫は、もはやミカン科の葉を必要としない。したがって、それが何世代も続いていくならば、やがて食草が固定されて親とは別の種へと枝分かれしていく可能性がある。

ミカン科の葉を食べ尽くしてしまった幼虫が、死にもの狂いで別の植物に移って、そこで葉を食べることがある。これも誤った選択だ。この場合もほとんどの幼虫は死んでしまうのだが、中には変わり者がいて生き延びることがある。

ミカン科に産卵するのは、ナミアゲハである。しかし実はアゲハチョウのグループだけでも世界に500種以上のものが知られており、それぞれ食草が異なっている。メキシコアゲハが食べる葉はアカシア、キタテアゲハはウマノスズクサ、オオスジアゲハはバンレイシ科と決まっている。葉を解毒して食料にするだけでなく、オオカバマダラは植物の毒を体内に溜め込んで、鳥から捕食されるのを防ぐこともやってのける。種がこれほど細かく枝分かれしていったのは、母親や幼虫の誤った選択が原因だったのかもしれない。

生物は主体的に判断して行動するものの、その判断はいつも正しいとは限らない。むしろ判断のミスが従来以上に幅広い探索行動をもたらして、生物の進化につながる場合もあると考えられるのだ。

このようなことは、脊椎動物でも起こりうる。たとえば、迷い魚がいる。群れの回遊ルートを逸れるなどにより、本来の生息域を離れてしまった魚のことだ。黒潮に押されて、必要以上に北上してしまったものたちがいる。卵や稚魚のときに、流されてくる場合もある。群れの仲間と一緒のスピードで泳ぐことができなかった魚もいる。しかもその迷い魚が稀に起こる例外だというのではない。伊豆半島の沿岸で600種の魚を採取してみたところ、迷い魚が実に約3分の1を占めていたという。

渡り鳥にも、迷鳥がいる。体力不足で群れについて飛行することができなくなった鳥が、迷鳥になる。突然の嵐など、何らかの事故に遭遇してコースを外れてしまった鳥たちもそうだ。

迷い魚や迷鳥は、通常は冬を迎えると寒い季節を乗り切ることができずに死んでしまう。ここまでは運・不運による淘汰である。しかし生物たちは、単に死んでいくのではない。そこで何とかして冬を生き延びようと試行錯誤する。環境に適応しようとして、移動したり、身体の生理状態を変化させたりする。中には未使用だった遺伝子を使ってみたりするものも出てくることだろう。それが探索行動だ。個体が生き延びるか否かには、その個体の主体性が関わっている。そしてやがてそれは、生物の系統の枝分かれにつながっていく可能性があるのだ。

8　生物の主体性が進化の十分条件だ

細胞の中では膨大な数の化学反応が進行している。1つの大腸菌といえども数億にのぼる化学分子が、次々と反応しながらネットワークとなって循環している。生命の偉大な特徴は、こうした化学反応の総体が、一定の幅の中に収まるように調節されていることだ。恒常性（ホメオスタシス）である。化学反応が恒常性の範囲を超えて暴走してしまうと、細胞は壊れ、生物は死ぬ。そこで細胞は、恒常性の範囲にすべてが収まっているかどうかを監視している。そして遠心力が強すぎれば求心力を働かせ、逆に求心力が強すぎれば遠心力を働かせる。こうしたことを可能にするため、化学分子のドミノ倒しには、正のフィードバックや負のフィードバックが働くような様々な仕掛けが備わっている。たとえば、私たちの細胞が代謝をしているクエン酸回路の過程を見てみよう。エネルギー電池であるATPが増えすぎると、ある酵素（イソクエン酸デヒドロゲナーゼ）の働きが抑制されて、クエン酸回路はいったん停止する。ATPは使用されて減少していくので、濃度が低くなってくる。すると、今度はその酵素の働きが促進されて、クエン酸回路が再び活動する。しかもこの反応は、解糖系など他の化学反応によっても調節されている。逆に、解糖系の反応は、クエン酸回路の生成物によって調節されている。たった1つの細胞の中でも、こうした化学反応が何千というネットワークになっていて、相互作用し合い、同時進行しているのである。

恒常性を維持するために全体として調子が良いとか悪いとかいうことを認識できることが、生物として不可欠だ。その際、化学反応の1つひとつを細かく監視している必要はない。全体として異常に突出した部分がないかどうか、それによって全体の調子が悪くなっていないかどうか、ということを見分ければよい。この「調子」というのは、さきほど大腸菌のところで見た気分とも言えるものだ。生物は1個の細胞であっても、外界を感覚すると同時に、自分の体内の調子を見ている。これが、認識力の根源というものだろう。そしてその認識に基づいて、行動を選択する。これが、生物の主体性の根源だと言えるだろう。

この章の最後に、それがどのようにして進化に結びついていくのかを総括してみよう。発生生物学者マーク・W・カーシュナーとジョン・C・ゲルハルトは、「探索的挙動」という言葉を使って、生物が状況に応じて試行錯誤することが進化をもたらすことを理論化している。探索的挙動という言葉は、本書で言う探索行動とほぼ同じ概念だ。

それによると、まず探索的挙動という試行錯誤のプロセスによって、細胞たちの相互作用が起こる。すると生物は、身体の形態や機能に生理的な変化を生じさせる。次に、生理的に変化したことによって、その集団に対して自然淘汰が働く。そして自然淘汰を受けて繁殖に成功したものたちが現れて、その中から遺伝子の突然変異が起こることがある。このように遺伝子が変異することによって、新しくなった形態や機能が安定する、と言うのだ。

「個体の身体の変化が先で、遺伝子の変異の方が後」ということになる。探索的挙動が先行するのだから、そこで生物の認識や主体性がまず発動されることになる。

様々な生物のゲノムを比較分析する「進化発生生物学」の発展によって、生物の進化は新しい遺伝子の登場というばかりでなく、既存の遺伝子の組み合せ方を変えることによっても起こることが分かってきた。しかしそれにしても、その新たな組合せというのは、いったいどうやってある時点で固定されるのだろう。そのメカニズムは、まだ謎のままだ。いずれにせよ、ここでも遺伝子の新しい組合せを試行してみる探索行動が先にあって、それを固定する変異が後で起こると言えるだろう。それは、「読み取り系」の変異という場合もあるだろう。

このように考えれば、「すべてが偶然の積み重ねである」とばかり考えなくてもよいことになる。まず探索行動が先行して、そこで絞り込まれた後で偶然の変異が起こるのだ。

本書で見てきた事例に即して言うと、たとえば、単細胞生物の合体が先で、遺伝子の突然変異は後、ということになる。また、菌根のようなケースでは、共生が先で、突然変異が後だ。さらには、ウイルスの感染、棲む場所の移動、あるいは誤った選択が先で、突然変異が後、ということになる。

この考え方に対しては、「数が絞り込まれた子孫の中から、突然変異がそんなに都合よく生じるものだろうか」という批判があるかもしれない。しかし絞り込まれて繁殖に成功しなければ、子孫は残さない。繁殖に成功すれば、膨大な数の子孫が生まれてくる。つまり、「すべてが偶然に起こる」と考えるよりも、「身体が変化してから突然変異が起こる」と考える方が、起こる確率はずっと高くなるわけだ。

ここでは従来のダーウィニズムの考え方とは順番が逆で、「自然淘汰が先で、突然変異が後」ということになる。しかしこれは、単にものごとの順番の問題ではない。進化の仕組みの中に、探索行動の重要性が位置づけられるからだ。結局のところ、ダーウィニズムが言う「遺伝子突然変異と自然淘汰」という概念は、進化の必要条件ではあるが十分条件ではないと、私は考える。その十分条件こそ、生物の主体性であり、探索行動なのである。

細胞内部の分子レベルで起こること、細胞レベルで起こること、個体レベルで起こることのすべてが、遺伝子に書き込まれているわけではない。むしろ遺伝子は、ドミノ倒しのきっかけにすぎない。そしてドミノ倒しは、外界から来る信号や体内の生理状態によって、絶えず影響を受ける。

外敵に襲われたとき、ぱっと逃げるのか、じっと仮死状態になって静止するのか。あるいは飢餓の状態になったとき、休眠して時を待つのか、最後の力を振り絞って生殖をするのか。種により個体によって、そうした選択の幅がある。生物たちは常に選択をしている。

海の中が台風によってかき回されて騒乱状態になったときにも、浅瀬の淡水に逃げたものたちもいたし、海の深みに逃げたものもいたことだろう。

私は大雨が降った後のある日のこと、大きな川に架かる橋の上から、1メートル以上もある巨大で細長い魚が泳いでいるのを見たことがある。その魚は、銀色に輝く背を水面に見せ、悠然と身をくねらせながら、1匹だけ川の上流に向かって泳いでいた。それは、海の比較的深いところに住んでいるタチウオだった。このときタチウオは、淡水に近い塩分濃度の宍道湖に向かって泳いでいたのだ。

外海の魚が、何かのきっかけで湖に向かっていく。それは一か八かの賭けのようなところがあって、彼はそこで運・不運に見舞われたことだろう。しかしそこから先は、生物の努力次第でもあるのだ。

こうして生物たちは個体レベルで樹状分岐し、その枝の先の部分で刈り込まれる。そしてほとんどのものが刈り込まれて死滅したようなときにも、生き残って新しい樹状分岐の始祖となるものたちが出てくることがある。生物の主体性が樹状分岐をもたらし、最終的には生物の進化をもたらしているのである。

第8章 樹状分岐の階層が生物界を作っている

海洋から深海へ、そして陸上から大空へと目まぐるしく移っていった私たちの旅も、いよいよ最終章となった。旅の終わりに当たって、私が子供の頃に目撃した2つの壮麗な樹状分岐の光景についてお話ししたい。

私が生まれ育った故郷の街は、海に面していた。私たち子供は、よく海岸に出かけて遊んだり、海の生物を観察して楽しんだりしたものだ。故郷の海は半島に囲まれた湾に、砂州が発達してきてぐるりと囲み、中海と呼ばれている。このため海と言っても塩分濃度が低くて、汽水湖として位置づけられていた。

生態系としては、珍しいものがあった。海洋の生物と淡水の生物が同居しているのだ。クラゲ・イソギンチャク・フジツボ・ヒトデ・カニといった海の無脊椎動物が生息していて、ハゼやスズキのような海の魚が泳いでいる。その一方でフナやメダカ、オタマジャクシといった淡水の動物が、平気で泳いでいた。さきほど話したタチウオも、外洋から中海に迷い込み、さらに何かのはずみで湖に向かう川に迷い込んだのかもしれない。そして海上の空では何羽ものトビたちが、これらの魚を狙ってゆっくりと楕円を描きながら旋回していた。

ある日の夕方、私が海岸に出てみると、海は一面どす黒い赤色に染まっていた。一瞬工場の排液だろうかと思った。しかし、港の手前から向こう岸までが一面に深紅のインクを垂らしたように染まっている。排液では、これほど広範に赤い海になるはずがない。水面に顔を近づけて覗き込んでみると、小さな赤いものがうようよしていた。プランクトンだ。水を掌に掬ってみると、そのわずかばかりの水の中にも赤色で小さなものがちらちらとうごめいているように見えた。おそらく渦鞭毛虫かケイソウが大発生して、赤潮を引き起こしていたのだろう。遠くの海は夕陽に輝く鮮やかな紅色に染まり、近くの海は鈍くどす黒い赤潮の色をしていて、その境界線のあたりに漁船が1艘、黒いシルエットを浮かび上がらせていた。

ところが翌日、私がプランクトンの採集器具を持って海に出かけてみると、赤い海はすっかり失われて、元のとおりの深い青緑色をした海が広がっているばかりであった。あの膨大な数のプランクトンたちは、一夜にしていったいどこにいってしまったのだろうか。

また別の日のこと、私が友人と2人で海岸に出てみると、港の水面が一面のミズクラゲで埋め尽くされていた。岸辺からずっと遠くまで、膨大な数の白っぽい透明なミズクラゲで占拠されている。まるで巨大な白い絨毯を海に敷き詰めたかのようだった。1つひとつのクラゲは、傘をすぼめながら懸命に泳いでいる。しかし、ふわふわしているだけなので、岸辺の近くでは簡単に手で掬い上げられてしまう。そこで私たちはクラゲをいくつも海岸に引き上げて、岩の上に日干しにしておいた。クラゲはゼリーのようにぐったりとしていたが、陽光が当たるうちにやがて溶けてなくなってしまった。

クラゲの身体は95パーセント以上が水分だとされる。ミズクラゲならその比率はおそらく99パーセントに近いことだろう。子供だった私たちにとって、クラゲは水だけでできていて、水と一緒に蒸発してしまうように思えたものだ。

次に私たちはどこかから竹の棒を拾ってきて、クラゲの傘の真ん中に穴を開け始めた。私たちは口では研究だと言っていたが、素早く逃げられないクラゲを残酷にも次々と殺していたのだ。

そのうち友人が岩場で足を滑らせて、海水にはまった。ズボンが濡れた。「くそ、これというのもクラゲのせいだ」と言って、友人は竹の棒でさらに殺した。「あっ、逃げるか。よしそれなら魚雷発射だ」と言いながら、私たちは今度は小石や木片を投げつけた。大きめの石がどぼんと海面に落ちると、水しぶきが上がってきらきらと虹が見えた。

何の罪もないクラゲを殺戮する遊びに夢中になっていて、友人は3回、私は1回、足を滑らせて海の中にはまった。衣服はびしょ濡れになった。

しかしどんなに私たちがいきがってみても、それは港いっぱいに広がるクラゲたちのほんの一部にすぎないのだった。その膨大な個体数を誇ったクラゲの海も、数日のうちにすっかり数が減り、やがてたまにふわふわと何匹かが泳いでいるだけになっていた。

生物たちは、環境の条件が適合すると瞬く間に異常発生し、あたり一面を埋め尽くすことがある。しかしまた条件が変わるとそこから退場して、別の生物が優勢になっていく。そして樹状分岐は、時間の推移とともに刈り込まれ、変化していく。私が愛着した白い殻のフジツボたちも、数年のうちにはすっかりいなくなって、もっと大型で灰色の殻をした別種のフジツボに入れ替わってしまったのだった。日々移ろい変化していく樹状分岐とは、そうしたものなのだ。

生物界の樹状分岐は何重にも入れ子構造になった階層だということを見てきたが、それではいったいいくつの階層になっているのだろうか。ここで生物たちの歴史をもう一度圧縮して振り返りながら、樹状分岐の階層を整理してみよう。

1　最初の生命が樹状分岐していった

40億年前頃に地上に現れた最初の生命は、分裂・増殖することを繰り返して、最初の樹状分岐を作っていった。最初の生命がたった1つの細胞だったのか、複数個の集団だったのかと問うことには、それほど意味がない。というのは、最初の生命がたった1つだったとしても、すぐに分裂・増殖してクローンの集団になってしまうからだ。しかし、生物が共通して持っている驚くべき精緻な複雑さから見れば、最初の生命が偶然に生じたたった1つの細胞だったとしても、不思議ではないだろう。

最初の生命はある程度外界を認識するために、感覚を持っていたことだろう。それは匂いと接触を感知するだけのものだったかもしれない。いずれにせよ外界と自分を別のものだと認識して、自分自身を維持していくだけの感覚や恒常性を維持する仕組みを備えていたはずだ。

そして最初の生命から、様々なものが子孫に相続された。最も重要なのは、循環し続ける分子秩序の全体が、丸ごと相続されたことだった。その中には、核酸やタンパク質が含まれていたはずだ。しかし肝心なのは、それらが単に部品として散らばっていたというのではなくて、恒常性を維持しながら永続的に循環する秩序として、既に完成されていたことだ。最初の生命に細胞膜があったとしたら、細胞膜の秩序も丸ごと相続されただろう。そしてもう1つ、自分を取り巻く環境も、子孫に相続した。

子孫が集団になったとき、個体同士は相互作用した。このとき、お互いの働きかけが不利に働くような集団は、丸ごと全滅しただろう。これに対してお互いの働きかけが有益であるような集団が、生き延びていったに違いない。したがって生物たちは、最初から競争するよりも協調するような圧力にさらされていたはずだ。

これは、最初の樹状分岐である。最初の生命は樹状分岐に樹状分岐を重ね、莫大な数の個体となっていった。こうした原核生物だけの世界は、20億年近く続くことになる。その間に、いくつもの大事件が起こった。まず比較的初期の頃に、原核生物は細菌と古細菌という2つの大きな幹に枝分かれしていった。そしてこの2つの幹のそれぞれで、放射状の樹状分岐が起こった。原核生物たちは代謝方法を著しく多様化することによって、あらゆる環境に進出した。

やがて樹状分岐の枝の1つに、光合成することのできる原核生物が現れた。酸素発生型の光合成細菌は、おそらく最初は少しずつ、やがて爆発的に増殖し、酸素を蓄積して地球の環境を一変させた。こうした中で、酸素を利用するαプロテオ細菌の一種も現れた。

最初の生命は野原いっぱいに広がる木の根のように分岐に分岐を繰り返し、やがて地上は原核生物で満たされたのだった。

	中生代			新生代		
ペルム紀 2.99 ～	三畳紀 2.52 ～	ジュラ紀 2.01 ～	白亜紀 1.45 ～	古第３紀 0.66 ～	新第３紀 0.23 ～	第４紀 0.0258 ～
2.5大絶滅	2.2大絶滅		0.66大絶滅	0.5渦鞭毛虫・有孔虫の繁栄 0.3ケイソウの繁栄		
2.9針葉樹・種子植物の繁栄		1.95針葉樹・イチョウ・シダ・ソテツなど繁栄	1.25被子植物（花）	0.55イネ科植物 0.35草原	0.1サバンナ	0.01ステップの拡大
2.85甲虫 2.52三葉虫の絶滅	昆虫の新8目（ハチ目含む） 2.2ハエ	1.95アンモナイト 1.55吸血昆虫	1.0ミツバチ 0.8アリ	0.65アリの繁栄 0.4チョウ・ガ	0.1アリ・シロアリの繁栄	
大型の単弓類（盤竜類）	ワニ（双弓類）・キノドン（単弓類） 2.25恐竜 2.19翼竜 2.15哺乳類	恐竜の繁栄 1.55始祖鳥	恐竜の繁栄 哺乳類の多様化 0.66恐竜の絶滅	0.6哺乳類・鳥類の繁栄 0.52コウモリ	0.06人類（サヘラントロプス）	0.02ヒト属（ホモ・ハビリス） 0.002ホモ・サピエンス

生物史の概観（各生物が登場したおおむねの時期など）**（億年前）**

地質時代区分（億年前）	冥王代～原生代	原生代	古生代				
		エディアカラ紀 6.35～	カンブリア紀 5.41～	オルドビス紀 4.85～	シルル紀 4.44～	デボン紀 4.19～	石炭紀 3.59～
生物全般／単細胞生物	46地球の誕生 40最初の生命 35古細菌の痕跡 34細菌の化石 24光合成細菌 20頃 真核生物 有性生殖 6.4全球凍結	5.45大絶滅		4.45大絶滅		3.65大絶滅	
植物	単細胞藻類 12多細胞の紅藻			植物の上陸 4.75植物胞子の化石	4.25クックソニア・ヒカゲノカズラ・リニア	シダ類 3.85アルカエオプテリス（樹木） 3.6種子植物	裸子植物の繁栄 3.2針葉樹
無脊椎動物	9動物の多細胞化 7カイメン	5.65エディアカラ動物	5.4微小化石群 5.35カンブリア動物群（三葉虫など）	4.5ヤスデの上陸	4.2サソリの上陸	3.95昆虫の誕生（トビムシ）	3.2カゲロウ（羽根） 3.1有翅昆虫の繁栄
脊椎動物			5.35ピカイア（脊索動物）・ミロクンミンギア（脊椎動物）	4.85無顎魚類	4.2条鰭魚類	3.8ティクターリク（手首のある魚） 3.75肉鰭類・両生類	3.4両生類の繁栄 3.3羊膜類 3.05双弓類（爬虫類）

ここまでが、樹状分岐の第1の階層である。

2 真核生物は合体生物として新たな次元を切り開いた

原核生物でいっぱいに埋め尽くされた野原に、1本の木のように立ち上がっていったのが、真核生物だった。20億年前頃のあるとき、アスガルドの古細菌が酸素呼吸する細菌を飲み込んで合体したことによって、真核生物の幹が始まった。これに似た合体劇は、それまでにも数限りなく繰り返されていたのかもしれない。しかし飲み込んだ方と飲み込まれた方の双方が試行錯誤する中で、完全に安定的に均衡したのは、一度だけだった。双方の遺伝子の活用方法も安定し、合体生物が新たに誕生した。

真核生物が誕生したことによって、幹が限定された。動物・植物・単細胞プランクトンを含め、あらゆる真核生物は酸素呼吸しかしない。

もっともごく稀には、酸素呼吸に必要なミトコンドリアを持たない真核生物もいる。たとえば「ランブル鞭毛虫」と言って、脊椎動物の腸管に寄生する単細胞生物がいる。まるで1つ目小僧の頭からあちこちに8本もの長い鞭毛が生えたような姿だ。以前には、彼らはミトコンドリアの祖先と合体する前に枝分かれした真核生物ではないかと考えられていた。しかし現在では、すべての真核生物はいったんミトコンドリアを備えたことがあって、その後、ランブル鞭毛虫などは寄生生活をするうちに、2次的にミトコンドリアを喪失したと見られるようになった。ランブル鞭毛虫にも、その痕跡である小さな袋がある。

幹が限定されたところから、再び新しい樹状分岐が始まる。それが真核生物の世界であり、樹状分岐の第2の階層である。真核生物は酸素呼吸によって、それまでと比べてエネルギーの獲得を飛躍的に増大させることに成功した。このため身体を大きくして、内部に様々な区画を作ることができるようになった。

真核生物は次に、光合成細菌を飲み込んでさらなる合体生物となった。これが、植物の始祖である。その植物をさらに飲み込んで合体したミドリムシのような多重合体生物は、あちこちで何度も出現した。野原に立つ1本の幹は枝分かれしていって、その先に様々な種という葉や花をつけたのだ。

樹状分岐が進んだので、今や野原に立つ木という比喩は、古いものとなった。ここで「8本の首を持った竜」というイメージに更新しなければならない。八首の竜ヤマタノオロチの胸部は古細菌の世界、腹部は細菌の世界だった。しかし胸部から出てきた頭部は、8本の幹に枝分かれした。それは竜の喩えで言えば8本の首がのたうちまわりながら、探索行動をしているようなものだ。そして8本の首の先は、さらに触手のように細かく樹状分岐していくのである。

3 有性生殖は、身体の複雑化と「死」をもたらした

真核生物の中でも、アメーバのように無性生殖しかしないものに対して、ゾウリムシのように有性

生殖するものは、身体の造りが遥かに複雑だ。

それでは単細胞生物の世界において、無性生殖をするものと有性生殖をするものは、どちらが多いのだろうか。その答えは、細菌・古細菌を含めれば、生物界では無性生殖だけをするものの方が圧倒的に多数派だということになる。莫大な数にのぼる原核生物のすべてが、無性生殖だけで増殖するからだ。

単細胞の真核生物、つまり8本の首だけを見るとどうか。これは種ごとに無性生殖のものと有性生殖のものとを区別してみなければならない。無性生殖だけだと思っていた種が、こっそりどこかで有性生殖をしていることだってあるかもしれない。したがって明確なことは分かっていないものの、大雑把に見て一生のどこかで有性生殖をするものが半分以上を占めているのではないだろうか。8本の首として見れば、そのうち7本では有性生殖をする種が知られている。

無性生殖だけの生物は、染色体を1組だけ持っている。これに対して有性生殖する生物は、生涯のある時期、染色体を2組持つ。2倍体である。

2倍体の生物は、2個ずつ遺伝子を持っているのだから、1組だけを活動させ、もう1組は休息させていてもよい。休息している1組の遺伝子には、変異が蓄積していても一向に構わない。そして変異した遺伝子を秘蔵しておいて、いざというときに必要が生じたら読み込み、新しいタンパク質を作ってみてもよい。

遺伝子ばかりではない。細胞そのものも、探索行動によって造りをどんどん複雑化していってもよい。極端にまで複雑化・専門化してしまうと環境が変化したときに対応することができなくなる。そのときはいったん1倍体に戻って、再び単純な状態にリセットし、そこから身体を再構築していけばよい。こうして有性生殖は、身体を複雑に発展させていくための基礎となった。

そして有性生殖する生物たちは、「死」というものを開発した。複雑化した身体に寿命を設定したのだ。アメーバは、不死だった。これに対して、有性生殖をする粘菌が作る固い袋の中では、生き延びて周囲にばらまかれる子孫は、ほんの一部の細胞にすぎない。袋を作ったほとんどの細胞たちは、子孫を残すことなく死んでいく。これが「死」である。私たちの体細胞も同様で、どんなに増殖しても最後には生殖細胞に生を託して、自分たちは子孫を残さずに死んでいく。性が開発されたのが先で、死が開発されたのは後のことだったのだ。

このようにして地上に、有性生殖をする生物が登場した。その時期はおそらく真核生物が登場してしばらく経ってから、十数億年前のあるときだっただろう。減数分裂のような複雑な機構が、独立に何度も登場するとは考えにくい。真核生物の8つの首の中で少なくとも7本の首では有性生殖が知られているということは、おそらく共通祖先のあるときに一度だけ生じたのではないだろうか。しかしそれなら、8本の首の中に無性生殖のみをする生物がいることと符合しない。このあたりのことについては、まだ謎が多い。

有性生殖によって、生物界には、生と死、融合と分離、恋愛と別離という新たなドラマがつけ加えられた。樹状分岐という観点で考えると、有性生殖する生物は第3の階層を形成したのだ。

4　多細胞化は異なる幹で何度も起こった

樹状分岐の第4の階層は、多細胞生物である。多細胞生物は、細胞によって機能を分担できるため、身体はますます複雑化した。

竜の8本首のうち多細胞生物となっていった幹は、3本だった。第1は動物の祖先である後方鞭毛生物のグループ。第2は、原始の葉緑体を持った植物のグループ。第3は、ケイソウと同じ幹から出てきた褐藻のグループである。

このうち第1の幹である後方鞭毛生物は大きく2つに枝分かれして、動物のグループとカビ・キノコ（菌類）のグループを生み出した。どちらも植物のように自ら有機物を作ることはできないので、栄養を求めて動き回らなければならない。動物はセンチュウのように、くねくねと身をよじりながら運動する術を身につけた。一方、カビ・キノコたち菌類のグループは、自分の身体をどこまでも伸長させていくことによって運動した。

多細胞生物の第2の幹では、植物が樹状分岐した。水中にいた緑藻が陸上に進出して立ち上がり、維管束を作った。できていった順番を振り返ってみると、まず上に伸びる茎、次に地中の根、そして広がった葉である。やがて木質部を作る特殊な形成層を持つものが現れて、木の幹が現れた。この時点ではまだ胞子を持つ巨大なシダ植物などであり、繁殖するには水辺が必要だ。

次に登場したのが種子だった。種子は胚を包み込んで乾燥から守り、休眠することもできる。種子を持つことによって、植物は内陸や寒冷地帯にも広がっていった。最後に登場したのが花だ。昆虫などを利用することによって繁殖の効率を上げ、広葉樹や野草としてさらに樹状分岐していった。

植物は、茎・根・葉・種子・花など器官の形態ごとに多種多様である。しかし植物細胞は、どの器官でも作れる万能性を保っているという意味で、一様でもある。植物と別の幹の褐藻も、同様だ。そうした意味で植物や褐藻の樹状分岐は、この第4階層における多様化（枝葉の追加）にとどまっていて、次の階層（新たな幹からの樹状分岐）に進出することはなかったと言うことができるだろう。

5　神経系と体節の繰り返しで、動物は多様化

動き回ることを宿命づけられた動物は、多細胞体になった身体をより効率的に統率するために、神経系を開発するに至った。

最も原始的な動物には神経系はない。海底に固着して生活しているカイメンは、9000種もあって繁栄しており、多細胞の身体で水を濾過して微生物を食べている。しかしそれは細胞が集まって作った群体のようなものであって、まだ神経系は持っていない。

センモウヒラムシという小さな平べったい多細胞動物は、滑るように移動する。この小動物は、細胞が4種類に分化しているものの、まだ神経系はない。動き回るからといって神経系は必須ではない

のだ。粘菌が作るナメクジ状の乗り物を思い出してみよう。細胞が集まった群体にすぎなくても、相互に連絡を取り合っていれば、ある程度の統率の取れた運動はできるわけだ。

神経系が登場するのはクラゲやクシクラゲの仲間になってからだ。これらの動物には、消化管がある。身体を作る細胞群が、外界に向かって運動する専門家集団と、栄養を消化・吸収する専門家集団に分業した。この頃から、それらをつないで調節するために、神経系という専門家集団が必要となったのだろう。

歴史をたどってみると、エディアカラ動物のうち、前後左右が明確になったスプリッギナやキンベレラに神経系があったのは、確実だろう。クラゲ類がそれ以前から登場していたのだとすると、既に神経系があったかもしれない。そうすると動物に神経系が登場したのは、一応6億年前頃と推定できる。

動物の体節も、ほぼ同じ頃に登場してきたものと考えられる。既にエディアカラ動物には体節を持ったものが多数見られるし、次のカンブリア紀になると体節のある動物が爆発的に増える。ホックス遺伝子の数が増加するにつれて、動物の身体構造はどんどん複雑になった。それに伴って体節ごとの役割分担も多様化したので、身体を統率する神経系の重要性が増した。

神経細胞の集団は、散在したネットワークだったものが、やがてところどころで集合して、神経節を作った。その中でも一番前方の神経節がもっと発達して膨らみ、脳となる。その進化の過程は、体節の複雑化と軌を一にするものだった。

以上のように「神経系と体節」は、密接な関係を持って進化したものと考えられ、これを樹状分岐の第4の階層として挙げておきたい。

6　2つのグループで、口と肛門の位置が逆転

動物界まで進んでいった樹状分岐は、その根元に近いところで2つの幹に枝分かれしている。この2つの幹の先端には、一方に昆虫がいて、もう一方にヒトなど哺乳類がいる。この両者の身体つきは左右対称で、頭があり肢があって一見似たものだ。ところが胚が発生していく過程を見ると、この両者では、口と肛門の位置が逆転しているのだ。

受精卵が分裂を繰り返し発生していくパターンは動物によって様々だが、おおむね共通しているのは、まず閉じた球のような袋ができることだ。次にその袋の1か所が内側に陥入し、「原口」という構造を作る。多くの動物では、その陥入した場所の内側に1本の管を作っていく。これが消化管の原型である。陥入した原口の位置が成体の口となるのが、昆虫などの動物たちだ。管は袋を貫通し、出口が肛門となる。

このような身体の造りの動物は、昆虫・クモなどの節足動物だけでなく、貝類・イカ・タコなどの軟体動物、ミミズ・ゴカイなどの環形動物、センチュウなどの線形動物など数が多くて、動物界で一般的だ。原口は身体の前側に当たり、それが口になったので「前口動物」と呼ばれる。

これに対して私たち脊椎動物を含むもう1つの幹の動物では、球から陥入した原口は、いったん閉

じて、多くの場合そこに口ではなくて肛門ができる。一方、消化管の反対側の出口が口となる。前方と後方が逆転しているのだ。昆虫に比べて、頭と尾の位置が逆方向を向いていることになる。このため、「後口動物」と呼ばれる。この動物群には脊椎動物のほかに、ヒトデ・ウニなどの棘皮動物、ホヤ・ナメクジウオなどの原索動物もいるものの、動物界では限られた少数派だ。

昆虫とヒトとで逆転しているのは、口と肛門の位置だけではない。身体の中央を貫いている1本の消化管を基準にすると、ヒトの神経系は背中側に走っている。これに対して昆虫の神経系は、腹側に走っている。また私たちの骨は、身体の内側に埋め込まれていて、内骨格となっている。これに対して昆虫は、つるつるしたキチン質に覆われた外骨格だ。一見似ているようでいて、実は何もかもが逆転しながら暮らしているわけだ。

動物界の2つの幹で口と肛門の位置が逆転しているとしたら、2つの幹の共通祖先は、どんな姿をしていたのだろうか。かつてそれは、クラゲのような刺胞動物の姿だと考えられていた。クラゲの消化管には、口と肛門の区別がない。発生は、袋に穴ができるところで止まる。身体には1つの穴ができるだけで、その口は食料の入り口でもあり老廃物の出口でもある。このように1つだけ穴のあった祖先がいて、やがてそれを口として使ったものが前口動物、肛門として使ったものが後口動物に分岐していったのだろうと考えられていたのだ。

ところが近年の分子系統解析の結果、クラゲのような刺胞動物よりも、クシクラゲなど有櫛動物との共通祖先の方がもっと古いということが分かってきた。クシクラゲは一見クラゲに似た姿をした海中を泳ぐ動物だ。しかし身体には1本の消化管が貫いていて、口と肛門がある。

口と肛門がある動物が共通祖先だとすると、後口動物ではそれがどうやって逆転したのだろうか。難問である。

現在では、消化管の方向が逆転したのではなくて、口が新たに作られたのだと考えられている。その過程は、まだ明らかになったわけではないものの、たとえば動物は、いつも泳ぎ回っているばかりではない。ヒトデやウニのように海底を這って暮らすものもいる。そうした動物か、あるいはその幼生だったある時期に、古い口をいったん閉じてしまって、そこに肛門を作り、その近くに新しい口を作ったのかもしれない。そうなれば口と肛門は同じように前の方向を向いていて、それをつなぐ消化管はU字型になる。そして再び泳ぐスリムな姿になったとき、肛門を後方に移せばよい。こうすれば、新しくできた口が前方となり、もともと原口の位置にあった肛門は後方に回ることになる。

いずれにしても身体の方向が逆転したわけだ。新しく口を作ったので、今ではこの幹の動物たちは、後口動物ではなくて「新口動物」と呼ばれることが多い。その場合、前口動物と言われていた動物は、「旧口動物」と呼ばれる。

少数派である私たちの祖先は、あるとき動物たちの主流派と別れて、アクロバチックな逆転劇を演じたのだった。

7　脳は体節を超えて独自に重層化

動物界の樹状分岐の幹のうち昆虫たちの幹では、あまり身体の大きなものはいない。硬い外殻を作って身を守る外骨格の節足動物は、身体が少し大きくなるたびに脱皮しなければならない。身体を大きくするのには限界があるので、むしろ短期間で繁殖して個体数を増やす生き方をしている。これに対して脊椎動物は内骨格なので、身体を大きくすることができた。身体を大きくすると、それに伴って全体を統率する神経系や脳も発達させなければならない。

脊椎動物が発達するにつれて、脳の神経細胞が数千万または数億という数で集中するようになり、脳は前脳・中脳・後脳というように重層化していった。

哺乳類は、恐竜を避けて夜の闇の中に逃げ込んだので、嗅覚を発達させた。嗅覚の中枢は前脳である。やがて前脳からは、大脳半球が生まれてきた。哺乳類の大脳半球は、3つの部分に分けられる。一番古い古皮質は、両生類の時代から既にあったもので、嗅覚の情報処理を行っている。2つめの原皮質（海馬）は、原始的な哺乳類から発達してきたものであり、記憶の交通整理や長期的な記憶の形成を司っている。3つめの新皮質は、高度化した哺乳類から発達してきたものであり、論理や計画といった知性的な活動までも司る。

大脳半球だけでも3部構造なのに加えて、その3部分のうちの新皮質だけでも6層構造になってい

生物界の樹状分岐の階層

階層	生物の例	身体の特徴	登場した時期（推定）
1 原核生物	細菌・古細菌	循環する分子秩序（DNA・タンパク質など）	40億年前頃
2 真核生物	アメーバ・ミドリムシ	細胞内小器官（ミトコンドリア・葉緑体など）	20億年前頃
3 有性生殖する生物	ゾウリムシ・粘菌	2倍体と1倍体（精子・卵細胞など）	10数億年前頃
4 多細胞生物	動物・菌類・植物・褐藻	細胞の群体社会	10億年前頃
5 神経系・体節のある動物	昆虫・ミミズ	神経系・体節	6億年前頃
6 重層化した脳のある動物	魚・鳥・哺乳類・ヒト	前脳・中脳・後脳	5億年前頃

る。中脳や後脳からできた部分も、視蓋浅層・視蓋深層のように層となったり、小脳・橋などのように細かく分化したりしている。中脳の外側の一部分だけでも、7層になっている。

昆虫の脳機能の単位となっているのは、1つひとつの神経細胞だ。数万から数十万の神経細胞が集中し、役割を分担し合っている。ところがヒトの大脳新皮質ともなると、機能の単位となっているのは、約10万個もの神経細胞が集まった集団なのだ。この集団のことを「コラム」と言う。神経細胞の数で言えば、1つのコラムは、昆虫の脳に匹敵する。大脳新皮質の第5層には、円柱状をしたコラムがびっしりと10万個も敷き詰められている。

大脳新皮質では、コラムごとに機能集団を構成している。たとえば眼でものを見たときにも、コラムごとに、線の傾きを捉える集団、色彩を捉える集団、似た図形を捉える集団などがあり、それぞれに役割分担する。その情報が何段階にも分けて上位の機能集団に渡されて統合され、私たちには1つの物に見える。コラムが機能単位となり、そのネットワークが何層にも重層化されているのだ。

このように脳は、あまりにも複雑な構造をしているために、未知の部分が多い。しかしいずれにせよ、体節の繰り返しというプロセスを離れて、脳がどんどん重層化していったことは確かだろう。脳は、体節という制約を超えて、独自に繰り返し構造を作り、発展したのだ。そしてどんな脳を持っているかによって、動物たちが樹状分岐していった。したがって私は、「重層化した脳」を樹状分岐の第6番目の階層として位置づけておきたい。

生物界の樹状分岐もまた、マトリョーシカ人形のような入れ子構造である。その姿を階層としてまとめると、第1の階層は原始の海で登場した微細な「原核生物」、第2の階層は合体生物として成立した「真核生物」、第3は共食いによって始まったと考えられる「有性生殖する生物」、第4は細胞の群体社会である「多細胞生物」、第5は細胞集団が繰り返し構造を作った「神経系・体節のある動物」、そして第6は「重層化した脳を持った動物」についての樹状分岐、ということになる。

8　文化は人間界の新たな樹状分岐

樹状分岐の階層は、以上で終わりだろうか。もしかしたら私たちは、この上にもう1つの樹状分岐を見ることができるかもしれない。

それは、ヒトという動物が持つに至った多様な文化である。ある意味でそれは、ヒトという一種の動物の生態にすぎないのかもしれない。しかし重層化の果てに極端に発達した脳が生み出したその文化というものは、一種の生物の生態と言うにはあまりにも多彩なものだ。

言語も多様なら、音楽や踊り、服装や装飾品も多彩であり、しかも地域により個人によってさらに微妙な差異が生じる。民族によって、神話や宗教も異なる。住居も食料も異なる。それは、地域ごとに異なる自然環境に影響されたものではある。しかし同時にそれは、重層化した脳が探索行動によって選び取り、伝承されたものでもあるのだ。

明らかにそこには、言語の発達が深く関わっているだろう。言語は文字を生み、記録を生む。やがてそれが科学・文学・芸術・法律、さらにはサブカルチャーまでも生み出していくことになる。ここには、生物界の樹状分岐を離れた人間界独自の樹状分岐を見ることができるだろう。

最後に私たちは、「生命の樹」の姿を振り返りながら、進化というものに思いをいたしてみることにしよう。

従来の進化論は、動物の多様性に着目することから理論化されたものが多かった。ダーウィンはガラパゴス諸島のゾウガメやフィンチを観察して、自然淘汰の理論を構築した。『種の起源』でも、ハトの品種改良を研究して得た考察から論じ始めている。またヴァイスマンは、動物の体細胞と生殖細胞の区分に着目して、「獲得形質は遺伝しない」と結論づけた。動物に着目して得られた事実が中心となって、生物界の進化の事象が語られるようになってきたわけだ。

しかし本書で見て来たとおり、動物というのは生物界の構成員のうち、限られた一部分にすぎない。生物界は細菌・古細菌・真核生物という3つの大きな領域に分かれており、その1つである真核生物の世界も8つの幹に分かれている。そのうち1本が、さらに2つに枝分かれしたところでようやく動物界が出てくる。植物界を加えても、生物界全体のほんの一部にすぎない。進化について考えるときも、動物界ばかりを重視していたのでは大事なことを見落としてしまう。

それではなぜ動物界は、これほど多様性に満ちているのだろうか。知られている生物種約200万種のうちの7割は動物種であって、植物の約30万種に比べても、何倍も多彩だ。

それは、動物が植物よりも上にまで、複雑さの階層を登っていったからだ。上の階層に登るたびに「幹の限定」が起こるものの、登ったところで「枝葉の追加」が起こる。それによって動物は、そのつど多種多様な形態を花開かせることができたのだ。

生物界全体について進化を見るというのであれば、動物についてばかり考察していたのではいけない。微生物たちは、数の上で圧倒的な多数派であり、地球環境を形成するにも大きな影響力を持っている。その微生物たちから丹念に歴史の順を追って見ていかなければ、真の進化の姿は見えて来ない。

動物以外の生物を広く観察してみることによって、競争・闘争よりも協調・協力が重要な場面があることが分かった。また、獲得形質が遺伝したり、遺伝子以外の部分が遺伝したりすることがあるのも分かった。さらには、生物の系統の枝は、一方的に伸びて分岐していくだけでなく、ところにより交錯し、網目状になっているということも分かった。しかもこれらのすべての基礎となっているのは、細胞や個体の主体性に基づく探索行動なのである。

認識力という小舟に乗って、生物が単細胞生物から進化してきた歴史をたどりながら、あちこちの光景を眺め渡し、進化の要因を階層として分析してみる。それが、本書の試みであった。確かに私たちが21世紀の現時点で持っている知識は、限られたものかもしれない。しかしこれらの断片的な知識を組み合わせることによって、おぼろげながら生物進化についての新たなビジョンが見えてきたのではないだろうか。

生物界は、太古の昔に生まれた1つの生命からできてきた壮大な1つの樹状分岐である。ベルクソン流に言えば、生命は「花火のようなもの」の中を通り過ぎていく。個体は分裂して2つに分離していくが、時間の軸を包摂した4次元の視点から見てみると、元の個体と2つに増殖した個体という3つのものは、生殖細胞の連続を通じて1つにつながっている。その1つにつながったものが、さらに次々と枝分かれして、全体がつながり合っている。これが樹状分岐の姿だ。

すべての生物はつながり合いながら、枝を広げていく。8つ首の竜の先端は、まるでイソギンチャクのように無数の触手に分岐していく。個体というのは、触手のように広がる樹状分岐の先端の1つなのだ。

樹状分岐の枝の先は、相互作用しながら探索行動をする。探索行動が成功することもあれば、失敗することもある。失敗したときには、枝の先はそこで止まる。そのとき、樹状分岐は刈り込まれる。一方で探索行動が成功した枝の先では、遺伝子などが変異するケースが生じて、やがて系統は枝分かれしていく。

そして樹状分岐の姿は、単純に枝分かれしていくだけのものではない。ときとして枝と枝は合流し、網の目のようになる。またいくつもの枝が丸ごと合体して、新しい幹を生み出すこともある。

こうして連綿として樹状分岐が起こり、枝の先は広がり、ときとして新しい階層の幹が生まれる。そして「生命の樹」の全体像は、微小なものから巨大なものまで、海底を這うものから大空を飛翔するものまで、遥かな時を経てつながり合いながら、驚くべき多様さで彫琢された姿となっている。

窓際に立って再び外の景色を眺めてみよう。緑の木々は遠くから吹いてくる風に葉をさわさわと揺らしながら、今日も樹状分岐を続けている。道路には舗装したアスファルトの片隅からでも小さな草が生えてきて、春になれば可憐な花をつける。人に踏まれる舗装の上にさえ、忍耐強い濃緑色のコケが広がっている。

40億年にわたる生物の歴史を俯瞰して、海洋から大空まで冒険してきた私たちの旅も、再びここへ戻ってきた。木々の枝には昆虫や小鳥がいるし、木の下の根のまわりには、菌根菌がいる。あるいは葉や根といったいたるところに眼に見えない微小な細菌たちがいて、彼らもまた樹状分岐しながら、今この瞬間にも生命の営みを続けている。

そしてこの本を読んでいただいたあなたもまた、樹状分岐を続ける生物界の一員なのだ。あなたも私も地球生命圏が伸ばした無数の触手の先端で、新しい展開をめざして、今日も探索行動を続けている存在であるのに違いないのだ。

あとがき

認識力の小舟に乗った悠久の時間の彼方への旅を、あなたは満喫していただけただろうか。

本書では、生物学の最新の知見を集約しながら、生物の歴史とともに樹状分岐する6つの階層を見てきた。その6つの階層のいずれもが、生物は受け身で環境によって淘汰されているだけではなく、主体性を持って環境に働きかけ、そして自分自身を作り変えていることを示していた。樹状分岐は、生物の進化史の産物であり、その細かく分かれた枝の先の1つに、私たちヒトがいる。

しかしそう言ったからといって、ヒトが生物界で一番偉いのだというようなことを言うつもりはない。むしろ私が言いたいのは、その逆なのだ。ヒトというのは、無数の生物が相互作用しつながり合っている地球生命圏の中で、1つの枝の先にすぎないということだ。

本書で見てきたとおり、樹状分岐は食物連鎖などを通じて、階層ごとにつながり合い相互作用している。下の階層なしには、上の階層は成り立たない。たとえば一番基底部にある原核生物（細菌・古細菌）が仮にいなくなったとしたら、私たちは極めて短期間のうちに死滅してしまうしかない。上の階層にいる者ほど下の階層に依存していて、脆弱なのだ。

現在の私たちが自覚しなければならないのは、自然界の構成員はすべてがつながり合っていて連続したものだということではないだろうか。私たちは食料を食べてしか生きていくことはできない。地球規模での物質の大循環があり、私たちの身体という小循環がある。この2つの循環は食料を介在してつながり合っており、その食料もまた、すべて生物の細胞からできたものだ。ここにも細胞というさらに微小な循環があって、地球と私たちの身体を交流させている。すべては無限に継起し続ける壮大な循環の中の小さな一部分にすぎない。

私はフランスで暮らしていたとき、テレビで塩を特産品とするアフリカ部族についてのドキュメンタリーを見たことがある。当初に受けた印象は決して良いものではなかった。汚くて不潔そうな家々、服を着ていない者も多い文化水準の低さ、そして機械を用いない労働の非能率さ。労働の節目に彼らは歌ったり、盥《たらい》をドラムのように叩いたりする。無駄なエネルギーを使っているものだと思った。

しかし見ていくうちに、ある種の感銘を受けるに至ったのだ。彼らは塩というものは、太陽と風が作ったのだと言う。できた塩を、太陽のおかげだと言って空に向けて放り投げる。塩を囲んで女性が一言ずつ、呪文のようなことを言う。村中総出で歌い、踊る。海に船で出て行って、そこでも儀式をする。塩づくりという行為のために、飽きるほどの儀式と歌と踊りが繰り返される。

確かに彼らは私たちの基準からすると、文明的に立ち遅れているだろう。しかし私はやがて、彼らの歌・踊り・言葉は、熱狂的なほど生の意義を呈示していることを理解した。太陽と風と海の恵みによって、人間の生や仕事が存在している。彼らはこれら自然から切り離された存在ではなくて、生の意義を問うことが愚かなほど、生が自然の一部分そのものなのだ。

彼らは自然を崇拝する。自然から恵みを頂戴するのであって、自然から収奪するのではない。自然の方が偉いのであって、自然が主人なのだ。人間は従たる存在であって、主人である自然を讃え、祈るのだ。このような価値観から見ると、現代の自然保護・環境保護の思想など、人間中心的・功利的なものにすぎなくて、傲慢なものだとさえ思えるのだった。

日本には古来、「山川草木悉皆成仏」と言うように、生きとし生けるものに共感を抱き、尊重するという思想がある。この思想は仏教的なものに感じられる。しかし実際には中国から入ってきた思想なのではなくて、日本独自に創造された思想なのだと言う。おそらく縄文時代以来の神道的なアニミズム（精霊崇拝）の伝統が仏教とも混合し、山岳信仰や巨木信仰、あるいは様々な祭りや習俗として、現在に至るまで強固に生き続けているということなのだろう。

人類は原始的な段階では、あらゆる場所でアニミズム信仰を持っていたのではないだろうか。その名残りがアフリカの部族だけでなく、豪州のアボリジナル、北米のネイティブ・アメリカン、我が国のアイヌ民族など、多くの少数民族に見られる。しかし巨大な人口を擁する文明国で、今なおアニミズム的な世界観を多少なりとも持ち続けているという意味で、我が国は特異な存在だと言えるだろう。

確かに人間の知性の発展とは、素朴なアニミズムから徐々に脱却してきたことだったのかもしれない。その脱却に当たっては、自然科学が提示した機械論的な知識が大きく貢献したことも間違いない。

しかし素朴なアニミズムは、遺伝子も、「生命の樹」も、エピジェネティクス（後成遺伝学）も知らなかった時代の産物だ。今や私たちは、21世紀という時代にいる。従来の自然科学と最新の知見を融合して、新たな生命の像を描いてもよい時期に来ているのではないだろうか。

あらゆる生物を自分自身と等しい命を持った存在として認めて尊重するという考え方こそ、現在の世界が必要としているものだと私は思う。私たちの身体は、樹状分岐の歴史で見てきたように、生物界の総体と時間的につながっている。またその先端では、食物連鎖の相互作用で分かるように、空間的にもつながっている。すべての生命は、連続している。

人間が自然に害悪を与えるのでもなければ、人間が自然を保護するのでもない。私たちの身体は、このつながりの流れの中にある。自分自身という概念の延長上に生命圏があり、自分自身と生命圏とは1つの同じものなのだ。

今や私たち人間は、自分の狭い自我の中に閉じこもっているのではなくて、自我そのものを拡大して、生物界全体を飲み込むほどの普遍的な自我を持たなければならなくなっている。自然科学の知識を結集しそれを熟考することによって、それは可能になると私は考える。そして、そのように普遍的な自我を持つことができれば、地球生命圏の持つヒトという1本の触手の先は、さらに一歩だけ枝を伸ばし、前進したことになるのではないだろうか。

本書は発生生物学者・故・団まりな氏が提唱した階層生物学の方法論を用いて、生物の歴史と進化の現象を「樹状分岐の階層」として解析してみたものである。私は農林水産省の行政官としての職業人生を送ってきた者であるが、その過程で絶えずあらゆる生物を観察しながら、団先生が設立した「階層生物学研究ラボ」の研究員として、生命と存在の探求を続けてきた。階層生物学の指導をしてくださった団まりな先生と、その伴侶である惣川徹氏、そして本書を世に出すことを決定していただいた新曜社塩浦暲社長に、心から感謝を申し上げたい。

主要参考文献

はじめに

『創造的進化』アンリ・ベルクソン／竹内信夫訳, 白水社, 2013.

『無脊椎動物の発生・上』団勝磨他共編, 培風館, 1983.

第１章

『生物界をつくった微生物』ニコラス・マネー／小川真訳, 築地書館, 2015.

『進化：分子・個体・生態系』ニコラス・H・バートン他／宮田隆・星山大介監訳, メディカル・サイエンス・インターナショナル, 2009.

『DNA からみた生物の爆発的進化』宮田隆, 岩波書店, 1998.

『アメーバ図鑑』石井圭一他編, 金原出版, 1999.

『脳と心のバイオフィジックス』松本修文編集, 「細胞に心はあるか」上田哲男・中垣俊之, 共立出版, 1997.

『細胞はどのように動くか』太田次郎, 東京化学同人, 1989.

『生き残る生物 絶滅する生物』泰中啓一・吉村仁, 日本実業出版社, 2007.

『不均衡進化論』古沢満, 筑摩書房, 2010.

『生命潮流』ライアル・ワトソン／木幡和枝・村田恵子・中野恵津子訳, 工作舎, 1981.

『混沌からの秩序』イリヤ・プリゴジン, I・スタンジェール／伏見康治・松枝秀明他訳, みすず書房, 1987.

『いのちとリズム』柳澤桂子, 中央公論社, 1994.

『動物は文化をもつか』J・T・ボナー／八杉貞雄訳, 岩波書店, 1982.

『太古からの9+2構造』神谷律, 岩波書店, 2012.

『生命の塵』クリスチャン・ド・デューブ／植田充美訳, 翔泳社, 1996.

『生物の心とからだ』ガイ・マーチー／吉松広延他訳, 白揚社, 1986.

『動物と植物はどこがちがうか』高橋英一, 研成社, 1989.

『海と陸をつなぐ進化論』須藤斎, 講談社, 2018.

『日本海洋プランクトン図鑑』山路勇, 保育社, 1966.

『アメーバのはなし』永宗喜三郎他編, 朝倉書店, 2018.

『植物は〈未来〉を知っている』ステファノ・マンクーゾ／久保耕司訳, NHK 出版, 2018.

『生命の跳躍』ニック・レーン／斉藤隆央訳, みすず書房, 2010.

『進化の運命』サイモン・コンウェイ=モリス／遠藤一佳・更科功訳, 講談社, 2010.
『進化で読み解くふしぎな生き物』遊磨正秀・丑丸敦史監修, 技術評論社, 2007.
『美しいプランクトンの世界』クリスティアン・サルデ／吉田春美訳, 河出書房新社, 2014.
『性の進化史』松田洋一, 新潮社, 2018.
『ゾウリムシの遺伝学』樋渡宏一編, 東北大学出版会, 1999.
「Collective intercellular communication through ultra-fast hydrodynamic trigger waves」Arnold J. T. M. Mathijssen et al., *Nature*, Vol. 571, issue 7766, 2019.7.25.
『水：生命をはぐくむもの』ラザフォード・プラット／梅田俊郎他訳, 紀伊國屋書店, 1997.
『生命のなかの「海」と「陸」』高橋英一, 研成社, 2001.
『プランクトンウォッチング 』小田部家邦, 研成社, 1992.
『ワンダフル・ライフ』スティーヴン・ジェイ・グールド／渡辺政隆訳, 早川書房, 1993.
『海の中の森の生態』横浜康継, 講談社, 1985.
『藻類30億年の自然史』井上勲, 東海大学出版会, 2006.
『原生動物学入門』K・ハウスマン／扇元敬司訳, 弘学出版, 1989.
『サンゴ礁のなぞ』沖村雄二, 青木書店, 1987.
『きちんとわかる時計遺伝子』産業技術総合研究所, 白日社, 2007.

第２章

『地中生命の驚異』デヴィッド・W・ウォルフ／長野敬・赤松眞紀訳, 青土社, 2003.
『菌類の系統進化』寺川博典, 東京大学出版会, 1978.
『微生物を探る』服部勉, 新潮社, 1998.
『ウイルスは生物をどう変えたか』畑中正一, 講談社, 1993.
『フルハウス：生命の全容』スティーヴン・ジェイ・グールド／渡辺政隆訳, 早川書房, 1998.
『風の博物誌』ライアル・ワトソン／木幡和枝訳, 河出書房新社, 1985.
『人体はこうしてつくられる』ジェイミー・A・デイヴィス／橘明美訳, 紀伊國屋書店, 2018.
『あなたの体は9割が細菌』アランナ・コリン／矢野真千子訳, 河出書房新社, 2016.

『心を操る寄生生物』キャスリン・マコーリフ／西田美緒子訳, インターシフト, 2017.
「Commensal bacteria make GPCR ligands that mimic human signalling molecules」Louis J. Cohen et al. *Nature*, Vol.549, issue 7670, 2017.9.7.
「Bacteria biodiversity drives the evolution of CRISPR-based phage resistance」E. O. Alseth et al., *Nature*, Vol. 574, issue7779, 2019.10.24.
『宇宙生物学への招待』フランソワ・ロラン, フロランス・ロラン=セルソー, ジャン・シュネデール／唐牛幸子訳, 白水社, 2000.
『150億年の手紙』松井孝典, 徳間書店, 1995.
『地球惑星科学入門』松井孝典他, 岩波書店, 1996.
『形から見た生物学』中村運, 培風館, 2001.
『地球とヒトと微生物』山中健生, 技術評論社, 2015.
『砂漠のサボテンも本当は雨を待っている』春日俊郎, PHP 研究所, 1992.
「植物の無機窒素化合物の取り込みについて」小俣達男, 日本植物生理学会. https://jspp.org/hiroba/q_and_a/detail.html?id=2222
『マイクロバイオームの世界』ロブ・デザール, スーザン・L・パーキンズ／斉藤隆央訳, 紀伊國屋書店, 2016.
『現代を生きる化石たち』樋山正士, 研成社, 2000.
『特殊環境に生きる細菌の巧みなライフスタイル』畝本力, 共立出版, 1993.
『生命・エネルギー・進化』ニック・レーン／斉藤隆央訳, みすず書房, 2016.
『生物のスーパーセンサー』津田基之編, 共立出版, 1997.
『「心」はなぜ進化するのか 』A・G・ケアンズ-スミス／木村美都穂訳, 青土社, 2000.
『細胞のコミュニケーション』木下清一郎, 裳華房, 1993.
『眼が語る生物の進化』宮田隆, 岩波書店, 1996.
『ヒトのなかの魚、魚のなかのヒト』ニール・シュービン／垂水雄二訳, 早川書房, 2008.
『見える光・見えない光』日本比較生理生化学会編, 共立出版, 2009.
『自己デザインする生命』J・スコット・ターナー／長野敬・赤松眞紀訳, 青土社, 2009.
『生命とはなにか』リン・マーギュリス, ドリオン・セーガン／池田信夫訳, せりか書房, 1998.
『大腸菌』カール・ジンマー／矢野真千子訳, 日本放送出版協会, 2009.
「Chemotaxis as a navigation strategy to boost range expansion」Jonas Cremer et al., *Nature*, Vol. 575, issue 7784, 2019.11.28.

『やさしい日本の淡水プランクトン図解ハンドブック』滋賀の理科教材研究委員会編, 合同出版, 2005.
『進化：生命のたどる道』カール・ジンマー／長谷川真理子監修, 岩波書店, 2012.
『生命進化の物理法則』チャールズ・コケル／藤原多伽夫訳, 河出書房新社, 2019.
『死なないやつら：極限から考える「生命とは何か」』長沼毅, 講談社, 2013.
『ゾウリムシの性と遺』樋渡宏一, 東京大学出版会, 1982.
『微生物を探る』服部勉, 新潮社, 1998.
「A gut microbial factor modulates locomotor behaviour in *Drosophila*」Catherine E. Schretter et al., *Nature*, Vol. 563, issue 7731, 2018.11.15.
「Leaf bacterial diversity mediates plant diversity and ecosystem function relationships」Isabell Laforest-Lapointe et al., *Nature*, Vol. 546, issue 7656, 2017.1.1.
『カラー図解 進化の教科書第1巻 進化の歴史』カール・ジンマー他／更科巧他訳, 講談社, 2016.
『地球外生命』大島泰郎, 講談社, 1999.
『古細菌の生物学』古賀洋介・亀谷正博編, 東京大学出版会, 1998.
『古細菌』古賀洋介, 東京大学出版会, 1988.
「Asgard archaea illuminate the origin of eukaryotic cellular complexity」Katarzyna Zaremba-Niedzwiedzka et al., *Nature*, Vol. 541, issue 7637, 2017.1.
『細胞の中の分子生物学』森和俊, 講談社, 2016.
『動く植物』ポール・サイモンズ／柴岡孝雄・西崎友一郎訳, 八坂書房, 1996.
『ミトコンドリアが進化を決めた』ニック・レーン／斉藤隆央訳, みすず書房, 2007.
「Isolation of an archaeon at the prokaryote-eukaryote interface」Hiroyuki Imachi, Masaru K. Nobu et al., *Nature*, Vol. 577, issue 7791, 2020.1.23.
「真核生物につながるアーキアの培養とゲノム解析に成功」井町寛之・延優, Natureダイジェスト, *Nature Japan*, 2020, 6.
「Week synchronization and large-scale collective oscillation in dense bacterial suspensions」Chong Chen et al., *Nature*, Vol. 542, issue 7640, 2017.2.9.
『生物はなぜ誕生したのか』ピーター・ウォード, ジョゼフ・カーシュヴィンク／梶山あゆみ訳, 河出書房新社, 2016.
「Early trace of life from 3.95 Ga sedimentary rocks in Labrador, Canada」Takayuki Tashiro, Tsuyoshi Komiya et al., *Nature*, Vol. 549, issue 7673, 2017.9.28.
『40億年、いのちの旅』伊藤明夫, 岩波書店, 2018.

『地球46億年気候大変動』横山祐典, 講談社, 2018.

第３章

『進化発生学』ブライアン・K・ホール／倉谷滋訳, 工作舎, 2001.
『38億年生物進化の旅』池田清彦, 新潮社, 2010.
『カラー図解 古生物たちのふしぎな世界』土屋健, 講談社, 2017.
『ダーウィンの夢』渡辺政隆, 光文社, 2010.
「Death march of a segmented and trilobate bilaterian elucidates early animal evolution」Zhe Chen et al., *Nature*, Vol. 573, issue 7774, 2019.9.19.
『理不尽な進化』吉川浩満, 朝日出版社, 2014.
『分子からみた生物進化』宮田隆, 講談社, 2014.
『地球進化46億年の物語』ロバート・ヘイゼン／円城寺守監訳／渡会圭子訳, 講談社, 2014.
『タコの心身問題』ピーター・ゴドフリー＝スミス／夏目大訳, みすず書房, 2018.
『進化する形』倉谷滋, 講談社, 2019.
『生命40億年全史』リチャード・フォーティ／渡辺政隆訳, 草思社, 2003.
「神経系の起源と進化：散在神経系よりの考察」小泉修『比較生理生化学』Vol. 33, No. 3, 2016.

第４章

『スイカのタネはなぜ散らばっているのか』稲垣栄洋, 草思社, 2017.
『植物の私生活』デービッド・アッテンボロー／門田裕一監訳, 山と渓谷社, 1998.
『さまざまな共生』川那部浩哉監修／大串隆之編, 平凡社, 1992.
『植物たちの戦争』日本植物病理学会編著, 講談社, 2019.
『植物が出現し, 気候を変えた』デイヴィッド・ビアリング／西田佐知子訳, みすず書房, 2015.
『共生生命体の30億年』リン・マーギュリス／中村桂子訳, 草思社, 2000.
『ヒマワリはなぜ東を向くか』滝本敦, 中央公論社, 1986.
『野に咲く花の生態図鑑』多田多恵子, 河出書房新社, 2012.
『植物の科学』八田洋章編著, ナツメ社, 2003.
『動物と植物の利用しあう関係』川那部浩哉監修／鷲谷いずみ・大串隆之編, 平凡社, 1993.
『あっ！ ハチがいる』千葉県立中央博物館監修, 晶文社, 2004.
『共進化の謎に迫る』高林純示・西田律夫・山岡亮平, 平凡社, 1995.
『樹木社会学』渡辺定元, 東京大学出版会, 1994.

『月下美人はなぜ夜咲くのか』井上健, 岩波書店, 1995.
『植物学のたのしみ』大城秀章, 八坂書房, 2005.
『植物的生命像』古谷雅樹, 講談社, 1990.
『雑草たちの陣取り合戦』根本正之, 小峰書店, 2004.
『多様性の生物学』岩槻邦男, 岩波書店, 1993.
『キノコの不思議』森毅編, 光文社, 1996.
『ニホンミツバチ』佐々木正己, 海游舎, 1999.
『われわれはなぜ死ぬのか』柳沢桂子, 草思社, 1997.
『性のお話をしましょう』団まりな, 哲学書房, 2005.
『「進化論」を書き換える』池田清彦, 新潮社, 2011.
『双子の遺伝子』ティム・スペクター／野中香方子訳, ダイヤモンド社, 2014.
『エピジェネティクス入門』佐々木裕之, 岩波書店, 2005.
『エピゲノムと生命』太田邦史, 講談社, 2013.
「獲得形質は遺伝する？：親世代で受けた環境ストレスが子孫の生存力を高める」（Environmental stresses induce transgenerationally inheritable survival advantages via germline-to-soma communication in Caenorhabditis elegans）／岸本沙耶・宇野雅晴・西田栄介他, *Nature Communications*, 2017, 1.9.
『フィンチの嘴』ジョナサン・ワイナー／樋口広芳・黒沢令子訳, 早川書房, 1995.

第５章
『昆虫は最強の生物である』スコット・リチャード・ショー／藤原多伽夫訳, 河出書房新社, 2016.
『虫の思想誌』池田清彦, 講談社, 1997.
『シマウマの縞 蝶の模様』ショーン・B・キャロル／渡辺政隆・経塚淳子訳, 光文社, 2007.
『昆虫の科学』出嶋利明, ナツメ社, 1999.
『ファーブル昆虫記第1巻・第2巻・第4巻』ジャン・アンリ・ファーブル／山田吉彦・林達夫訳, 岩波書店, 1989.
『ミツバチの世界』ユルゲン・タウツ, ヘルガ・ハイルマン／丸野内棣訳, 丸善, 2010.
『野生ミツバチとの遊び方』トーマス・シーリー／小山重郎訳, 築地書館, 2016.
『昆虫はすごい』丸山宗利, 光文社, 2014.
『アリはなぜ一列に歩くか』山岡亮平, 大修館書店, 1995.
『ガラガラヘビの体温計』渡辺政隆, 河出書房新社, 1991.
『カブトムシと進化論』河野和男, 新思索社, 2004.

「Fossil insect eyes shed light on trilobite optics and the arthropod pigment screen」Johan Lindgren et al., *Nature*, Vol. 573, issue 7772, 2019.9.5.
『見る』サイモン・イングス／吉田利子訳, 早川書房, 2009.
『進化論の何が問題か』垂水雄二, 八坂書房, 2012.
『動物は世界をどう見るか』鈴木光太郎, 新曜社, 1995.
『人類の進化が病を生んだ』ジェレミー・テイラー／小谷野昭子訳, 河出書房新社, 2018.
『眼の誕生』アンドリュー・パーカー／渡辺政隆・今西康子訳, 草思社, 2006.
『三葉虫の謎』リチャード・フォーティ／垂水雄二訳, 早川書房, 2002.
『昆虫がヒトを救う』赤池学, 宝島社, 2007.
『生物が子孫を残す技術』吉野孝一, 講談社, 2007.
「昆虫のナビゲーション戦略を支える記憶」弘中満太郎『比較生理生化学』Vol. 25, No. 2, 2008.
「昆虫の偏光コンパスの神経機構」佐倉緑『比較生理生化学』Vol. 32, No. 4, 2015.
『昆虫はスーパー脳』山口恒夫監修, 技術評論社, 2008.
『ネイチャー・ワークス』青木薫・山口陽子監訳, 同朋舎出版, 1994.
『クモの不思議な生活』マイケル・チナリー／斎藤慎一郎訳, 晶文社, 1997.
『機械の中の幽霊』アーサー・ケストラー／日高敏隆・長野敬訳, 筑摩書房, 1995.
『はるかな記憶 上』カール・セーガン, アン・ドルーヤン／柏原精一他訳, 朝日新聞社, 1994.

第6章
『ありえない!? 生物進化論』北村雄一, ソフトバンククリエイティブ, 2008.
『イヌの動物学』猪熊壽, 東京大学出版会, 2001.
『系統樹をさかのぼって見えてくる進化の歴史』長谷川政美, ベレ出版, 2014.
『進化38億年の偶然と必然』長谷川政美, 国書刊行会, 2020
『犬はあなたをこう見ている』ジョン・ブラッドショー／西田美緒子訳, 河出書房新社, 2012.
『動物の見ている世界』ギョーム・デュプラ／渡辺滋人訳, 創元社, 2014.
『人とサルの違いがわかる本』杉山幸丸編著, オーム社, 2010.
『大絶滅。』金子隆一, 実業之日本社, 1999.
『宇宙誌』松井孝典, 徳間書店, 1993.
『脳を超えて』スタニスラフ・グロフ／吉福伸逸他訳, 春秋社, 1988.
『新しい教養のための生物学』赤坂甲治, 裳華房, 2017.
『新・進化論が変わる』中原英臣・佐川峻, 講談社, 2008.

『The strategy of the genes』C. H. Waddington, Bristol: George Allen & Unwin, 1957.
『元サルの物語』ジョナサン・マークス／長野敬・長野郁訳, 青土社, 2016.
『遺伝子神話の崩壊』デイヴィッド・S・ムーア／池田清彦・池田清美訳, 徳間書店, 2005.
『普遍生物学』金子邦彦, 東京大学出版会, 2019.
『自己組織化する宇宙』エリッヒ・ヤンツ／芦澤高志・内田美穂訳, 工作舎, 1986.
『エピジェネティクス革命』ネッサ・キャリー／中山潤一訳, 丸善出版, 2015.
「生き物のしたたかさ」岡田節人, 『生物科学の新しい展開』「科学」編集部編, 岩波書店, 1987.
『細胞の意思』団まりな, 日本放送出版協会, 2008.
『恐竜はなぜ鳥に進化したのか』ピーター・D・ウォード／垂水雄二訳, 文藝春秋社, 2008.
『魚のおもしろ生態学』塚原博, 講談社, 1991.
『動く大地とその生物』大場秀章・西野嘉章編, 東京大学総合研究資料館, 1995.
『哺乳類誕生』酒井仙吉, 講談社, 2015.
『水中の擬態』中村庸夫, 平凡社, 1996.
『精神と物質』エルヴィン・シュレーディンガー／中村量空訳, 工作舎, 1987.
『40人の神経科学者に脳のいちばん面白いところを聞いてみた』デイヴィッド・J・リンデン編著／岩坂彰訳, 河出書房新社, 2019.
『鳥脳力』渡辺茂, 化学同人, 2010.
『進化の意外な順序』アントニオ・ダマシオ／高橋洋訳, 白揚社, 2019.
『ソロモンの指環』コンラート・ローレンツ／日高敏隆訳, 早川書房, 改訂版, 1975.
『動物の心』ナショナルジオグラフィック別冊, 日経ナショナルジオグラフィック社, 2018.
『鳥！ 驚異の知能』ジェニファー・アッカーマン／鍛原多恵子訳, 講談社, 2018.
『動物に心はあるだろうか？』松島俊也, 朝日学生新聞社, 2012.
『アレックスと私』アイリーン・M・ペパーバーグ／佐柳信男訳, 幻冬舎, 2010.
『鳥たちの驚異的な感覚世界』ティム・バークヘッド／沼尻由起子訳, 河出書房新社, 2013.
「The Cambridge declaration on consciousness」Francis Crick memorial conference, Cambridge, UK, July 7th 2012.
『意識の進化的起源』トッド・E・ファインバーグ, ジョン・M・マラット／鈴木大地訳, 勁草書房, 2017.

第７章
『生き物たちの神秘生活』エドワード・O・ウィルソン／廣野喜幸訳, 徳間書店, 1999.
『クマノミ全種に会いに行く』中村庸夫, 平凡社, 2004.
『生命の七つの謎』ガイ・マーチー／吉松広延他訳, 白揚社, 1986.
『形の生物学』本多久夫, 日本放送出版協会, 2010.
『生命進化8つの謎』ジョン・メイナード・スミス, エオルシュ・サトマーリ／長野敬訳, 朝日新聞社, 2001.
『背に腹はかえられるか』石原勝敏, 裳華房, 1996.
『意識の進化とDNA』柳澤桂子, 集英社, 2000.
『時空を旅する遺伝子』西田徹, 日経BP 社, 2005.
『DNA の98%は謎』小林武彦, 講談社, 2017.
『キリンの首はウィルスで伸びた』佐川峻・中原英臣, 毎日新聞社, 1995.
『雑草の自然史』藤島弘純, 築地書館, 2010.
『性選択と利他行動』ヘレナ・クローニン／長谷川真理子訳, 工作舎, 1994.
『動物と人間の世界認識』日高敏隆, 筑摩書房, 2003.
『選択なしの進化』リマ=デ=ファリア／池田清彦監訳, 工作舎, 1993.
『幼魚ガイドブック』瀬能宏・吉野雄輔, TBSブリタニカ, 2002.
『われに還る宇宙』アーサー・M・ヤング／スワミ・プレム・プラブッダ訳, 日本教文社, 1988.
『ダーウィンのジレンマを解く』マーク・W・カーシュナー, ジョン・C・ゲルハルト／赤坂甲治監訳／滋賀陽子訳, みすず書房, 2008.

第８章
『ゲノム情報を読む』宮田隆・五條堀孝編, 共立出版, 1997.
『分節幻想』倉谷滋, 工作舎, 2016.
『三つの脳の進化』ポール・D・マクリーン／法橋登編訳, 工作舎, 1994.
『自己が心にやってくる』アントニオ・R・ダマシオ／山形浩生訳, 早川書房, 2013.
『生き物はどのように世界を見ているか』社団法人日本動物学会関東支部編, 学会出版センター, 2001.
「大脳皮質の構造と働き方を探る」キャサリン・S・ロックランド, 一戸紀孝『理研ニュース』No.282, 2004年12月.

全般・その他

『生物の複雑さを読む』団まりな, 平凡社, 1996.
『動物の系統と個体発生』団まりな, 東京大学出版会, 1987.
『種の起源』チャールズ・ダーウィン／八杉龍一訳, 岩波書店, 1990.
『生物の進化大図鑑』マイケル・J・ベントン他監修／小畠郁生日本語版監修, 河出書房新社, 2010.
『Evolution：生命の進化史』ダグラス・パーマー／椿正春訳／北村雄一監修, ソフトバンククリエイティブ, 2010.
『スター生物学』C・スター他／八杉貞雄監修, 東京化学同人, 2013.
『原色日本海岸動物図鑑 改版』内海富士夫, 保育社, 1966.
『カラー図解 アメリカ版大学生物学の教科書第1～5巻・細胞生物学』D・サダヴァ他／石崎泰樹・丸山敬他監訳・翻訳, 講談社, 2010-2014.
『生物学辞典』石川統他編, 東京化学同人, 2010.
『細胞の分子生物学』Bruce Alberts 他／中村桂子・松原謙一監訳, 教育社, 1985.
『細胞の分子生物学第6版』Bruce Alberts 他／中村桂子・松原謙一監訳, ニュートンプレス, 2017.
『生命誌』ＪＴ生命誌研究館
『日本人の思惟方法』中村元, 春秋社, 1989.

著者紹介

実重重実（さねしげ・しげざね）

1956年島根県出身。元・農林水産省農村振興局長。階層生物学研究ラボ研究員。10代のとき「フジツボの研究」で科学技術庁長官賞を受賞。1979年東京大学卒業後、農林水産省に入省。微生物から植物、水生動物、哺乳類など幅広く動植物に係わった。発生生物学者・団まりな氏に師事し、階層生物学研究ラボに参加。現職は全国山村振興連盟常務理事兼事務局長。著書に『森羅万象の旅』（地湧社，1996年）、『生物に世界はどう見えるか』（新曜社，2019年）などがある。

新曜社

感覚が生物を進化させた
探索の階層進化でみる生物史

初版第1刷発行　2021年7月10日

著　者　実重重実

発行者　塩浦　暲

発行所　株式会社　新曜社
101-0051　東京都千代田区神田神保町3－9
電話（03）3264-4973（代）・FAX（03）3239-2958
e-mail : info@shin-yo-sha.co.jp
URL : https://www.shin-yo-sha.co.jp

組　版　Katzen House

印　刷　新日本印刷

製　本　積信堂

ISBN978-4-7885-1730-1 C1045